N° D'ORDRE
171

THÈSES

PRÉSENTÉES

A LA FACULTÉ DES SCIENCES DE PARIS

POUR OBTENIR

LE GRADE DE DOCTEUR ÈS SCIENCES MATHÉMATIQUES,

PAR M. A. LEFÉBURE,

PROFESSEUR TITULAIRE DE MATHÉMATIQUES AU LYCÉE DE MOULINS.

THÈSE DE MÉCANIQUE. Sur le mouvement des sphères sur un plan.
THÈSE D'ASTRONOMIE. Sur le mouvement elliptique des astres.

Soutenues le 13 juin 1853 devant la Commission d'examen.

MM. CHASLES, *Président.*
LAMÉ, DELAUNAY, } *Examinateurs.*

PARIS.
IMPRIMÉ PAR E. THUNOT ET CIE,
26, rue Racine, près de l'Odéon.

1853

ACADÉMIE DÉPARTEMENTALE DE LA SEINE.

FACULTÉ DES SCIENCES DE PARIS.

Doyen	MILNE EDWARDS, Professeur.	Zoologie, Anatomie, Physiologie.
Professeurs honoraires.	Le baron THÉNARD.	
	BIOT.	
	MIRBEL.	
	PONCELET.	
	AUG. DE SAINT-HILAIRE.	
Professeurs	CONSTANT PREVOST	Géologie.
	DUMAS	Chimie.
	DESPRETZ	Physique.
	STURM	Mécanique.
	DELAFOSSE	Minéralogie.
	BALARD	Chimie.
	LEFÈBURE DE FOURCY	Calcul différentiel et intégral.
	CHASLES	Géométrie supérieure.
	LE VERRIER	Astronomie physique.
	DUHAMEL	Algèbre supérieure.
	DE JUSSIEU	Physiologie végétale.
	GEOFFROY SAINT-HILAIRE.	Anatomie, Physiologie comparée, Zoologie.
	LAMÉ	Calcul des probabilités, Physique, Mathématique.
	DELAUNAY	Mécanique physique.
	PAYER	Organographie végétale.
	N.	Astronomie mathématique et Mécanique céleste.
	N.	Physique.
Agrégés	MASSON	Sciences physiques.
	PELIGOT	Sciences physiques.
	BERTRAND	Sciences mathématiques.
	J. VIEILLE	Sciences mathématiques.
	DUCHARTRE	Sciences naturelles.
Secrétaire	E.-P. REYNIER.	

A Mes Frères,

ALEXANDRE ET CONSTANT LEFÉBURE.

Souvenir d'amitié.

A. Lefébure.

THÈSE DE MÉCANIQUE.

SUR

LE MOUVEMENT DES SPHÈRES SUR UN PLAN.

INTRODUCTION.

Je me suis proposé de rechercher les lois du mouvement d'une sphère homogène pesante, abandonnée sur un plan fixe ou de position variable. Ce mouvement n'a pas encore été déterminé. Le fils du célèbre Euler, dans les Mémoires de l'Académie de Berlin, et plus tard Coriolis, dans la théorie qu'il a donnée du jeu de billard, sont les seuls géomètres qui aient traité le cas particulier du mouvement d'une sphère homogène sur un plan horizontal. Coriolis démontre ce théorème remarquable : que dans le mouvement d'une sphère homogène sur un plan horizontal, et en ayant égard au frottement, la direction de la vitesse du point de contact pris sur la sphère reste constante pendant tout le mouvement. J'ai trouvé des méthodes qui, appliquées au cas du plan horizontal, conduisent plus simplement au même théorème, et qui m'ont permis d'obtenir les lois du mouvement d'une sphère homogène pesante sur un plan fixe incliné, en ayant égard au frottement des deux surfaces. Tel est l'objet de la seconde partie de cette thèse. Dans la première partie je considère le mouvement de la sphère sur un plan variable; je la suppose abandonnée sur un plan assujetti à se mouvoir tangentiellement à un cône droit, dont l'axe serait vertical, la droite des contacts décrivant ce cône d'un mouvement uniforme, et je néglige le frottement. J'ai trouvé qu'il existait un point du plan, où, pour certains états initials, le point de contact des surfaces restait immobile, ou vers lequel il s'approchait indéfiniment sans jamais l'atteindre, tantôt en suivant la ligne droite, tantôt des lignes courbes quelquefois en forme de spirales. Pour certaines inclinaisons du plan, le point de contact décrit des hyperboles.

PREMIÈRE PARTIE.

Mouvement d'une sphère homogène pesante sur un plan variable, et dans lequel on n'a pas égard au frottement.

Fig. 1.

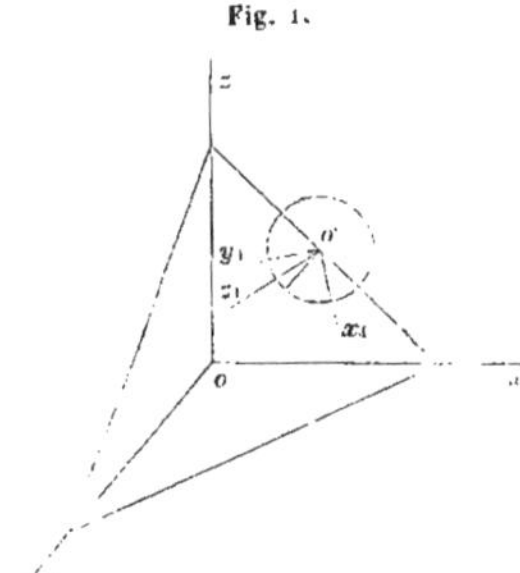

(1) Soient $\lambda\ \mu\ \nu$ les angles de l'axe du plan variable avec les axes fixes ox, oy, oz des coordonnées, R la résistance du plan au bout du temps t; x_1 y_1 z_1 les coordonnées du centre o' de la sphère, m sa masse, g la pesanteur. Les équations du mouvement du centre de la sphère sont :

$$(1)\qquad m\frac{d^2x_1}{dt^2}=\mathrm{R}\cos\lambda \qquad m\frac{d^2y_1}{dt^2}=\mathrm{R}\cos\mu \qquad m\frac{d^2z_1}{dt^2}=\mathrm{R}\cos\nu-mg.$$

Les forces qui sollicitent cette sphère passant toutes par son centre de gravité, n'ont pas d'influence sur sa rotation autour de ce point; ainsi la direction de l'axe de rotation est constante pendant tout le mouvement, et cet axe est fixe dans la sphère, la vitesse angulaire de rotation est constante.

Soient $o'x'$, $o'y'$, $o'z'$, trois axes rectangulaires fixes dans le corps et mobiles dans l'espace, et α, 6, γ les coordonnées du point de contact par rapport à ces axes mobiles; x, y, z les coordonnées du même point par rapport aux axes fixes; $a\,b\,c$, $a'\,b'\,c'$, $a''\,b''\,c''$, les cosinus des angles de chacun des axes mobiles $x'\,y'\,z'$ avec les axes fixes.

Je fais coïncider l'axe $o'z'$ avec l'axe de rotation, de sorte que $c\,c'\,c''$

sonts constants, et en donnant à l'axe fixe des x une direction parallèle à la projection horizontale de l'axe de rotation, on a $c' = o$. Soit l le rayon de la sphère, ξ la distance du plan variable à l'origine des coordonnées, on obtient facilement les équations:

$$\alpha^2 + \beta^2 + \gamma^2 = l^2 \tag{2}$$

$$x \cos\lambda + y \cos\mu + z \cos\nu = \xi \tag{3}$$

$$x_1 \cos\lambda + y_1 \cos\mu + z_1 \cos\nu = l + \xi \tag{4}$$

$$x_1 - x = l\cos\lambda \quad y_1 - y = l\cos\mu \quad z_1 - z = l\cos\nu \tag{5}$$

$$\left\{\begin{array}{l} \alpha = -l[a\cos\lambda + a'\cos\mu + a''\cos\nu] \\ \beta = -l[b\cos\lambda + b'\cos\mu + b''\cos\nu] \\ \gamma = -l[c\cos\lambda + c''\cos\nu]. \end{array}\right. \tag{6}$$

Les formules connues

$$da = (br - cq)dt \qquad da' = (b'r - c'q)dt \qquad da'' = (b''r - c''q)dt$$
$$db = (cp - ar)dt \qquad db' = (c'p - a'r)dt \qquad db'' = (c''p - a''r)dt$$

deviennent, en remarquant qu'ici p, q, sont nuls, et en appelant n la vitesse constante de rotation:

$$\left\{\begin{array}{lll} da = bndt & da' = b'ndt & da'' = b''ndt \\ db = -andt & db' = -a'ndt & db'' = -a''ndt \end{array}\right. \tag{7}$$

dont les intégrales sont:

$$\left\{\begin{array}{lll} a = \sqrt{1-c^2}\cos(nt+\varepsilon) & a' = -\cos(nt+\varepsilon') & a'' = -\sqrt{1-c''^2}\cos(nt+\varepsilon'') \\ b = -\sqrt{1-c^2}\sin(nt+\varepsilon) & b' = \sin(nt+\varepsilon') & b'' = \sqrt{1-c''^2}\sin(nt+\varepsilon'') \end{array}\right. \tag{8}$$

$\varepsilon\,\varepsilon'\,\varepsilon''$ désignent des constantes arbitraires: pour les déterminer je fais donc (8) $t = o$, et je suppose à l'origine du mouvement l'axe $o'x'$ situé dans le plan vertical de l'axe de rotation; on trouve alors:

$$\varepsilon = \varepsilon'' = 0 \qquad \varepsilon' = \frac{\pi}{2};$$

les équations (8) deviennent donc:

$$\left\{\begin{array}{lll} a = \sqrt{1-c^2}\cos nt & a' = \sin nt & a'' = -\sqrt{1-c''^2}\cos nt \\ b = -\sqrt{1-c^2}\sin nt & b' = \cos nt & b'' = \sqrt{1-c''^2}\sin nt \end{array}\right. \tag{9}$$

On obtiendra donc les valeurs de $\alpha \beta \gamma$ en fonction du temps. En remplaçant *ab*.... par ces valeurs dans (6) l'élimination de t entre les valeurs de $\alpha \beta \gamma$ donnera deux équations entre les coordonnées de la courbe que le point de contact décrit sur la sphère. L'une de ces équations est $\alpha^2 + \beta^2 + \gamma^2 = l^2$, on connaîtra donc cette courbe.

(2) Je vais considérer le mouvement de la sphère dans un cas particulier. Je suppose que le plan se meut tangentiellement à un cône droit dont l'angle est le complément de v, la ligne des contacts parcourant ce cône d'un mouvement uniforme, on a alors :

$$(10) \qquad \cos \nu = \text{constante}, \quad \cos \lambda = \sin \nu \cos rt \quad \cos \mu = \sin \nu \sin rt.$$

r représente la vitesse de la projection horizontale de la tangente commune des surfaces.

(3) *Mouvement du centre de gravité de la sphère.*

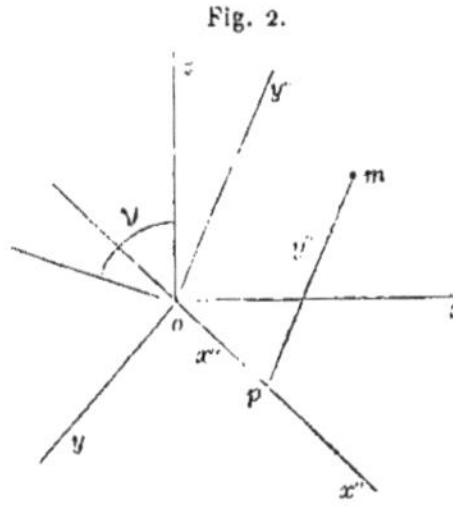

Fig. 2.

Ce point se trouve sur le plan (4), ce qui établit une relation entre ses trois coordonnées; elles sont donc fonction de deux indéterminées qu'il s'agit de calculer.

Soient $y''ox''$ la position du plan variable au bout du temps t, m le point de contact, $x''y''$ les coordonnées de ce point sur le plan, l'axe des x'' étant la trace horizontale du plan, et l'axe des y'' la perpendiculaire oy'' à ox'' menée par l'origine o sommet du cône. On a les relations :

$$(11) \qquad \begin{cases} x = x'' \sin rt - y'' \cos \nu \cos rt \\ y = -x'' \cos rt - y'' \cos \nu \sin rt \\ z = y'' \sin \nu. \end{cases}$$

Ces formules supposent à l'origine du mouvement l'axe ox'' sur le prolongement de oy.

Au moyen des relations (5) les formules (11) deviennent :

$$(12)\quad \begin{cases} x_1 = x'' \sin rt - y'' \cos \nu \cos rt + l \sin \nu \cos rt \\ y_1 = -x'' \cos rt - y'' \cos \nu \sin rt + l \sin \nu \sin rt \\ z_1 = y'' \sin \nu + l \cos \nu. \end{cases}$$

Ainsi a connaissance du mouvement du centre de gravité dépend de celle des deux indéterminées $x''y''$.

L'élimination de R entre les équations (1) donne :

$$(13\quad \sin rt \frac{d^2x_1}{dt^2} = \cos rt \frac{d^2y_1}{dt^2}, \qquad \cos \nu \frac{d^2x_1}{dt^2} = \sin \nu \cos rt \left(\frac{d^2z_1}{dt^2} + g\right).$$

J élimine x_1 y_1 z_1 entre (12) et (13), et j'obtiens les équations linéaires suivantes à coefficients constants :

$$(14)\quad \begin{cases} \dfrac{d^2x''}{dt^2} + 2r \cos \nu \dfrac{dy''}{dt} - r^2 x'' = 0 \\ \dfrac{d^2y''}{dt^2} - 2r \cos \nu \dfrac{dx''}{dt} - r^2 \cos^2 \nu\, y'' + \sin \nu (g + lr^2 \cos \nu) = 0. \end{cases}$$

(4) ***Intégration.*** Je fais :

$$\frac{dx''}{dt} = u \qquad \frac{dy''}{dt} = z \qquad y'' = w + \left(l + \frac{g}{r^2 \cos v}\right) \operatorname{tang} v,$$

et on est conduit aux équations linéaires du premier ordre :

$$(15)\quad \begin{cases} \dfrac{dx''}{dt} - u = 0, & \dfrac{du}{dt} + 2r \cos \nu\, z - r^2 x'' = 0 \\ \dfrac{dw}{dt} - z = 0, & \dfrac{dz}{dt} - 2ru \cos \nu - r^2 w \cos^2 \nu = 0. \end{cases}$$

En posant : $x'' = \alpha u$, $z = 6u$, $w = \mu u$, leur résolution se ramène à celle de l'équation $\dfrac{du}{dt} - au = 0$, et l'on devra satisfaire aux relations :

$$(16)\quad \begin{cases} a^2 = \dfrac{r^2}{2}\left(1 - 3 \cos^2 \nu \pm \sin \nu \sqrt{1 - 9 \cos^2 \nu}\right) \\ \alpha = \dfrac{1}{a} \qquad 6 = \dfrac{r^2 - a^2}{2ar \cos \nu} \qquad \mu = \dfrac{r^2 - a^2}{2a^2 r \cos \nu}. \end{cases}$$

Les intégrales sont de la forme :

$$x'' = \Sigma\alpha C e^{at} \qquad y'' = \left(l + \frac{g}{r^2 \cos v}\right) \operatorname{tang} v + \Sigma\mu C e^{at},$$

elles renferment quatre constantes arbitraires.

Si l'on remplace les valeurs précédentes de $x''y''$ dans (12), on obtiendra $x_1\ y_1\ z_1$ en fonction du temps; relations qui renferment le mouvement du centre de gravité de la sphère.

(5) On peut remarquer que ce mouvement revient à celui d'un point matériel pesant abandonné sur un plan variable parallèle à celui sur lequel la sphère se meut, la distance de deux plans étant le rayon de la sphère. C'est sous ce point de vue que je vais étudier ce mouvement.

Je rapporte la position du mobile à deux axes fixes dans son plan; je prends pour axe des X la trace horizontale de ce plan sur le plan des xy, pour axe des Y l'intersection de ce plan avec le plan vertical mené par l'axe des z perpendiculairement à sa trace horizontale. Soient X, Y les coordonnées du mobile au bout du temps t comptées dans le même sens que $x''y''$, on a :

$$X = x'' \qquad Y = y'' + \frac{l}{\operatorname{tang} v}.$$

Je remplace dans (12) $x''y''$ par leurs valeurs en XY, et les équations du mouvement du point matériel sont :

$$(17) \qquad \left\{\begin{aligned} x_1 &= X \sin rt - Y \cos v \cos rt + \frac{l \cos rt}{\sin v} \\ y_1 &= - X \cos rt - Y \cos v \sin rt + \frac{l \sin rt}{\sin v} \\ z_1 &= Y \sin v, \end{aligned}\right.$$

XY ayant pour valeur:

$$(18) \qquad X = \Sigma\alpha C e^{at} \qquad Y - b = \Sigma\mu C e^{at},$$

je pose :

$$\frac{1}{\cos v}\left(\frac{l}{\sin v} + \frac{g \operatorname{tang} v}{r^2}\right) = b.$$

Je diviserai la discussion de ce mouvement en trois sections.

PREMIÈRE SECTION.

(6) Je suppose les deux valeurs de a^2 données par (16) réelles positives et différentes, ou $\cos\nu < \frac{1}{3}$, le plan variable a une pente rapide. Soient $C_1\, C'_1\, C_2\, C'_2$ les quatre constantes arbitraires, $\alpha_1\, \beta_1\, \mu_1$, les valeurs de $\alpha\, \beta\, \mu$ correspondantes à a_1; $\alpha_2\, \beta_2\, \mu_2$ celles qui correspondent à a_2; $a_1\, a_2$ les racines positives des deux valeurs de a^2.

Les équations (18) peuvent s'écrire ainsi:

$$(19) \qquad \begin{cases} X = \alpha_1 (C_1 e^{a_1 t} - C_1' e^{-a_1 t}) + \alpha_2 (C_2 e^{a_2 t} - C_2' e^{-a_2 t}) \\ Y - b = \mu_1 (C_1 e^{a_1 t} + C_1' e^{-a_1 t}) + \mu_2 (C_2 e^{a_2 t} + C_2' e^{-a_2 t}). \end{cases}$$

Je différentie (19), et je trouve pour les composantes de la vitesse relative du mobile par rapport au plan variable :

$$(20) \qquad \begin{cases} \dfrac{dX}{dt} = C_1 e^{a_1 t} + C_1' e^{-a_1 t} + C_2 e^{a_2 t} + C_2' e^{-a_2 t} \\ \dfrac{dY}{dt} = \beta_1 (C_1 e^{a_1 t} - C_1' e^{-a_1 t}) + \beta_2 (C_2 e^{a_2 t} - C_2' e^{-a_2 t}). \end{cases}$$

La troisième équation (1) conduit facilement à

$$(21) \qquad \frac{R}{m} \cos v - g = [a_1 \beta_1 (C_1 e^{a_1 t} + C_1' e^{-a_1 t}) + a_2 \beta_2 (C_2 e^{a_2 t} + C_2' e^{-a_2 t})] \sin v.$$

L'élimination de t entre les équations (19) conduit à l'équation de la courbe que décrit le mobile sur le plan.

Les formules (19) (20) (21) donnent le mouvement relatif du mobile sur le plan, c'est ce mouvement que je considérerai. Le mouvement dans l'espace s'en déduirait facilement au moyen de (17). Dans la suite, par vitesse du mobile il faudra entendre sa vitesse relative telle qu'on l'observerait si l'on était transporté avec le plan. Je désignerai le point ($X = o$, $Y = b$) sous le nom de centre d'immobilité, parce qu'en effet vers ce point le mobile tend vers l'immobilité. La distance de la position du mobile à ce centre sera son rayon vecteur.

(7) Généralement il existe une ligne sur le plan qui marque la limite de la course du mobile. La résistance R du plan ne peut être négative, le mobile quitte donc le plan quand $R=o$. L'équation (21) donne l'instant de cette séparation quand on y fait $R=o$. J'élimine le temps entre l'équation (21) ainsi modifiée et (19), on trouve :

$$(22)\quad \left\{\begin{aligned} &\pm\alpha_1\sqrt{\left(\frac{\frac{g}{\sin v}+a_2^2(y-b)}{\mu_1(a_1^2-a_2^2)}\right)^2-4C_1C_1^1},\\ &\mp\alpha_2\sqrt{\left(\frac{\frac{g}{\sin v}+a_1^2(y-b)}{\mu_2(a_1^2-a_2^2)}\right)^2-4C_2C_2^1}=X.\end{aligned}\right.$$

Le mobile arrivé sur la ligne (22) quittera ce plan.

Si l'on élimine des constantes entre (22) et le lieu décrit par le mobile, on obtiendra l'équation d'une ligne que le mobile ne pourra dépasser, quel que soit l'état initial déterminé par les constantes éliminées.

(8) Admettons que l'on fasse varier les 4 constantes dans un même rapport, (19), (20), (21) nous montrent que $X, Y-b, \frac{dX}{dt}, \frac{dY}{dt}$, $\frac{R}{m}\cos v - g$ varieront dans ce même rapport. On en conclut ce qui suit :

Si l'on place à l'origine du mouvement plusieurs mobiles sur une même droite passant par le centre d'immobilité, et si on leur imprime des vitesses parallèles proportionnelles à leurs rayons vecteurs, ces mobiles décriront des courbes semblables, dont le centre de similitude sera le centre d'immobilité, et à chaque instant ils se trouveront sur le même rayon vecteur.

Tout mouvement du mobile peut donc se ramener au mouvement qu'il prendrait s'il était placé à l'origine, en un point déterminé du même rayon vecteur, sa vitesse initiale conservant son parallélisme, et étant corrigée dans le rapport des rayons vecteurs.

(9) Nous allons actuellement faire diverses suppositions sur l'état initial du mobile, suppositions qui paraissent conduire aux résultats les plus curieux.

(10) 1er *cas.* Je suppose les 4 constantes nulles. (19), (20), (21) donnent à toutes les époques du mouvement comme à l'origine :

$$X = 0 \qquad Y = q \qquad \frac{dX}{dt} = 0 \qquad \frac{dY}{dt} = 0 \qquad \frac{R}{m}\cos v - g = 0;$$

on peut donc dire : si à l'origine du mouvement le mobile se trouve sur l'axe des Y à une distance b de la trace horizontale du plan, si, de plus, il a la même vitesse dans l'espace que le point du plan où il s'appuie, il restera immobile en ce point, quelle que soit la position du plan, la résistance du plan, estimée dans le sens de la pesanteur, détruira à chaque instant la pesanteur; dans l'espace, le mobile décrira un cercle d'un mouvement uniforme.

(11) 2e *cas.* Soit : $C'_1 = o$ $C_2 = o$ $C'_2 = o$. On déduit de (19), (20), (21) :

$$X = \alpha_1 C_1 e^{a_1 t} \qquad Y - b = \mu_1 C_1 e^{a_1 t} \qquad \frac{dX}{dt} = C_1 e^{a_1 t} \qquad \frac{dY}{dt} = \beta_1 C_1 e^{a_1 t}$$

$$\frac{R}{m}\cos v - g = a_1 \beta_1 C_1 e^{a_1 t} \sin v;$$

d'où l'on conclut :

$$\frac{Y - b}{\mu_1} = \frac{X}{\alpha_1} \qquad \frac{\frac{dY}{dt}}{\mu_1} = \frac{\frac{dX}{dt}}{\alpha_1}$$

$$\sqrt{X^2 + (Y-b)^2} = C_1\sqrt{\alpha_1^2 + \mu_1^2}\, e^{a_1 t} \qquad \frac{1}{\alpha_1}\sqrt{X^2 + (Y-b)^2} = \sqrt{\left(\frac{dX}{dt}\right)^2 + \left(\frac{dY}{dt}\right)^2}$$

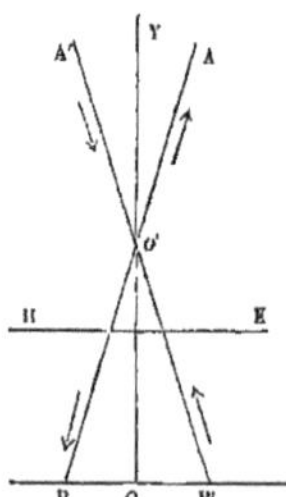

fig. 3.

Ces formules montrent facilement l'état initial que supposent les trois constantes nulles; il suffit d'y faire $t = o$.

On obtient pour la ligne limite :

$$Y - b = -\frac{g}{a_1^2 \sin v}.$$

Ainsi, si, à l'origine du mouvement, le mobile se trouve sur une droite AB passant par le centre d'immobilité et définie par l'équation :

$\frac{Y-b}{\mu_1} = \frac{X}{\alpha_1}$. Si, de plus, sa vitesse est dirigée suivant cette ligne, et a une certaine intensité qui varie proportionnellement à la distance du mobile au centre d'immobilité, il décrira la même droite pendant tout le mouvement, sa vitesse sera proportionnelle à son rayon vecteur, et ce rayon vecteur croîtra en progression géométrique, quand le temps suivra une progression arithmétique.

Le rapport $\frac{\mu_1}{\alpha_1}$ étant indépendant de r qui détermine la vitesse de rotation du plan, on en conclut que la droite AB reste parallèle à elle-même. Si cette vitesse de rotation vient à varier seulement, le centre d'immobilité pourra s'approcher d'une certaine limite. La ligne limite HK horizontale donnée par l'équation $Y - b = -\frac{g}{\alpha^2_1 \sin v}$ étant indépendante de l'indéterminée C_1, il en résulte que, quel que soit le point de départ du mobile sur la droite A B, il quittera le plan sur la ligne H K. Cette ligne limite aurait pu se déduire de l'équation générale (22), en éliminant X entre cette équation et celle de la droite A B.

Soit $C_1 > o$, à l'origine du mouvement, le mobile sera sur la partie o'A de AB, et sa vitesse sera ascendante; alors, en observant que α_1, β_1, μ_1, sont positifs, les relations précédentes nous montrent que le mobile continuera à s'élever indéfiniment, et la pression du plan l'emportera de plus en plus sur la pesanteur.

Soit au contraire $C_1 < o$, le mobile parti de o'B avec une vitesse descendante, continuera à descendre, la pesanteur l'emportera sur la pression du plan, mais le mobile arrivé sur H K, quittera le plan. On reconnaît facilement que le mobile placé sur o'B au-dessous de H K ne pourrait se maintenir sur le plan.

(12) 3e *cas*. Soit $C_1 = o$ $C_2 = o$ $C'_2 = o$, les formules (19), (20), (21) se réduisent à :

$$X = -\alpha_1 C_1{}^1 e^{-a_1 t} \qquad \frac{dX}{dt} = C_1{}^1 e^{-a_1 t} \qquad \frac{R}{m}\cos v - g = a_1 \beta_1 C_1{}^1 e^{-a_1 t} \sin v$$

$$Y - b = \mu_1 C_1{}^1 e^{-a_1 t} \qquad \frac{dY}{dt} = -\beta_1 C_1{}^1 e^{-a_1 t};$$

ce qui conduit à :

$$\frac{Y-b}{\mu_1}=\frac{X}{-\alpha_1}, \quad \frac{\frac{dY}{dt}}{\mu_1}=\frac{\frac{dX}{dt}}{-\alpha_1}, \quad \sqrt{X^2+(Y-b)^2}=C_1{}^1\sqrt{\alpha_1{}^2+\mu_1{}^2}e^{-\alpha_1 t}.$$

On voit facilement que les lois de ce mouvement sont les mêmes que précédemment, mais la droite décrite A' B' est symétrique de A B par rapport à l'axe des Y, et la distance du mobile au centre d'immobilité décroît en progression géométrique, quand le temps croît en progression arithmétique.

Soit $C'_1 > o$, le mobile parti d'un point de la direction o' A' avec une vitesse initiale descendante, continuera à descendre indéfiniment; la pression du plan l'emportera toujours sur la pesanteur, mais de moins en moins, et il s'approchera continuellement du centre d'immobilité sans jamais l'atteindre.

Soit $C'_1 < o$, le mobile parti de la direction contraire o' B' et animé d'une vitesse initiale ascendante, continuera à s'élever, la pesanteur l'emportera sur la pression du plan, et de moins en moins, le mobile s'approchera indéfiniment du centre d'immobilité sans l'atteindre.

(13) 4e *cas.* Si l'on suppose successivement C_2, C^1_2 différents de zéro, les trois autres constantes étant nulles, comme les équations (19) (20) (21) ne changent pas quand on remplace les indices l'un par l'autre, nous voyons que l'on serait conduit aux mêmes calculs que précédemment ; seulement les indices se changeraient l'un dans l'autre. Il en résulte que le mobile peut encore parcourir deux droites symétriques par rapport à l'axe des Y, passant par le centre d'immobilité, et en suivant les mêmes lois de mouvement que précédemment.

(14) 5e *cas.* Je fais à la fois deux constantes nulles. $C_2=o$ $C_2'=o$, (19) (20) (21) peuvent s'écrire comme il suit :

$$X=\alpha_1(C_1e^{a_1t}-C_1{}^1e^{-a_1t}), \frac{dX}{dt}=C_1e^{a_1t}+C_1{}^1e^{-a_1t}, \frac{R}{m}\cos v-g=a_1\mathfrak{b}_1(C_1e^{a_1t}+C_1{}^1e^{-a_1t})\sin v,$$

$$Y-b=\mu_1(C_1e^{a_1t}+C_1{}^1e^{-a_1t}), \frac{dY}{dt}=\mathfrak{b}_1(C_1e^{a_1t}-C_1{}^1e^{-a_1t}).$$

On déduit de ces formules l'état initial en y faisant $t=o$. l'élimination de t entre les valeurs de X, Y donne :

$$\frac{X^2}{4\alpha_1{}^2C_1C_1{}^1}-\frac{(Y-b)^2}{4\mu_1{}^2C_1C_1{}^1}=-1. \tag{23}$$

Ce lieu géométrique des différentes positions du mobile sur le plan est une hyperbole dont le centre est le centre d'immobilité, dont les axes sont dirigés suivant l'axe des Y, et l'horizontale menée par le centre d'immobilité. Si $C_1 C'_1$ sont de même signe, l'axe des Y est son axe transverse ; c'est l'horizontale dans le cas contraire. $2\alpha_1 \sqrt{\pm C_1 C_1'}$, $2\mu_1 \sqrt{\pm C_1 C_1'}$ représentent ses deux demi-axes, leur rapport $\frac{\mu_1}{\alpha_1}$ est indépendant des constantes arbitraires $C_1 C_1'$; il en résulte que toutes les hyperboles renfermées dans (23) sont semblables à

$$(24) \qquad \frac{x^2}{\alpha_1^2} - \frac{(y-b)^2}{\mu_1^2} = -1;$$

ou à l'hyperbole conjuguée, selon le signe du produit $C_1 C_1'$. Elles ont toutes pour asymptotes les droites $\frac{Y-b}{\mu_1} = \frac{X}{\pm\alpha_1}$ que nous avons vu le mobile parcourir précédemment. J'élimine t entre les valeurs de R et de Y, puis je fais $R = o$, et j'obtiens pour l'équation de la limite $Y - b = \frac{-g}{a_1^2 \sin v}$. C'est la même limite que dans les cas précédents. On la déduit encore de l'équation générale (22) en éliminant $C_1 C_1'$ entre cette équation et le lieu décrit (23), car on arrive à une équation dont le premier membre renferme $Y - b + \frac{g}{a_1^2 \sin v}$. Les coordonnées de la position centrale du mobile peuvent être prises à volonté puisqu'elles dépendent de deux indéterminées $C_1 C_1'$; ainsi on supposera le mobile dans une position initiale quelconque sur le plan, mais au-dessus de la limite HK. Cette position initiale étant fixée, le lieu décrit (23) sera lui-même déterminé.

Les relations précédentes donnent :

$$\frac{dY}{dX} = \frac{\mu_1^2 X}{\alpha_1^2 (Y-b)}, \quad \sqrt{\left(\frac{dX}{dt}\right)^2 + \left(\frac{dY}{dt}\right)^2} = \sqrt{\frac{\mu_1^2}{\alpha_1^4} X^2 + \frac{1}{\mu_1^2}(Y-b)^2};$$

on en déduit l'état initial.

$\frac{\mu_1^2 X}{\alpha_1^2 (Y-b)}$ est le coefficient angulaire de la tangente à (23) au point

XY, à l'origine du mouvement on devra donc supposer la vitesse d'une certaine intensité dépendante de α_1 μ_1 de la position initiale et dirigée suivant la tangente à (23) au point de départ ; alors le mobile suivra l'hyperbole (23) pendant tout le mouvement.

Soit $C_1 C_1' > o$.

Fig. 1.

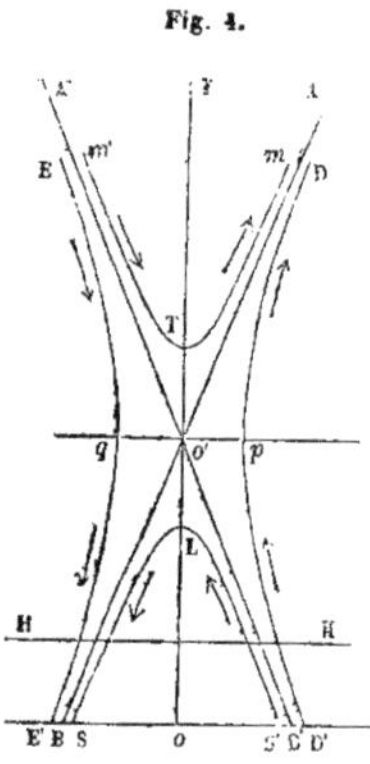

Les deux branches de (23) ont la position $m T m'$, $S L S'$; les formules précédentes conduisent facilement aux conséquences qui suivent. Si C_1, C_1' sont tous deux positifs, le mobile partira d'un point de la branche $m T m'$ dans le sens indiqué par la flèche, et il finira par s'élever indéfiniment sur cette branche avec une vitesse de plus en plus grande, la pression du plan l'emportera de plus en plus sur la pesanteur, et son mouvement s'approchera de plus en plus du mouvement rectiligne que nous avons reconnu, mouvement qui a lieu sur l'asymptote $o' A$, car alors le terme $e^{-a_1 t}$ tend à s'annuler. Si $C_1 C_1'$ sont tous deux négatifs, le mobile parcourra la branche $S L S'$ dans le sens de la flèche, mais il ne pourra franchir la limite H K, il ne décrira que la partie de la courbe située au-dessus.

Soit $C_1 C_1' < o$.

Le mobile suivra l'une des branches $D P D_1'$ $E q E$ de l'hyperbole conjuguée de la précédente.

Si l'on a $C_1 > o$ $C_1' < o$, le mobile parti d'un point de $D' p D$ avec une vitesse ascendante, continuera à s'élever indéfiniment sur cette branche. La pression du plan, moindre d'abord que la pesanteur, l'emportera de plus en plus sur cette force ; le point de départ ne pourra être au-dessous de la limite H K. Soit $C_1 < o$ $C_1' > o$, le mobile décrira la branche opposée avec une vitesse descendante jusqu'à la limite H K.

L'axe des Y partage le plan en deux parties distinctes ; sur l'une le mouvement est ascendant, il est descendant sur l'autre.

Le mouvement est le même sur toutes les hyperboles semblables renfermées dans (23), de sorte qu'il suffit de connaître le mouvement sur l'une d'elles, par exemple sur l'hyperbole (24) ou l'hyperbole conjuguée.

Ainsi supposons que le mobile occupe à l'origine une certaine position dans le plan sur la courbe (23), on placera un second mobile pareil au point correspondant de (24), on leur imprimera des vitesses parallèles de même direction que les tangentes à ces points sur les hyperboles et proportionnelles aux rayons vecteurs ; alors les deux mobiles décriront (23) et (24) en restant constamment sur un même rayon vecteur ; à chaque instant les vitesses seront parallèles et dans le rapport de ces rayons, tous les mouvements se ramènent donc à l'un d'eux ; tout cela résulte du paragraphe (8).

(15) 6e *cas.* Soit $C_1 = o$ $C_1' = o$.

Tout ce qui vient d'être dit dans le 5e cas se reproduit ici, comme le montre la forme des équations (19) (20) (21). Ainsi le mobile peut donc décrire un second système d'hyperboles de même centre et dont la direction des axes est la même, le rapport de ces nouveaux axes est : $\frac{\mu_2}{\alpha_2}$, et les asymptotes sont le second système de droites que nous avons vu décrire par le mobile.

(16) 7e *cas.* Soit $C_1 = o$ $C_2 = o$.

Les formules (19) (20) (21) se réduisent à :

$$X = -\alpha_1 C_1^1 e^{-a_1 t} - \alpha_2 C_2^1 e^{-a_2 t}, \quad \frac{dX}{dt} = C_1^1 e^{-a_1 t} + C_2^1 e^{-a_2 t},$$

$$Y - b = \mu_1 C_1^1 e^{-a_1 t} + \mu_2 C_2^1 e^{-a_2 t}, \quad \frac{dY}{dt} = -6_1 C_1^1 e^{-a_1 t} - 6_2 C_2^1 e^{-a_2 t},$$

$$\frac{R}{m}\cos v - g = [a_1 6_1 C_1^1 e^{-a_1 t} + a_2 6_2 C_2^1 e^{-a_2 t}] \sin v;$$

l'élimination de t entre les valeurs de XY conduit à :

$$(25) \qquad \left\{ \frac{\mu_2 X + \alpha_2 (Y - b)}{-C_1^1 (\alpha_1 \mu_2 - \mu_1 \alpha_2)} \right\}^{a_2} = \left\{ \frac{\mu_1 X + \alpha_1 (Y - b)}{C_2^1 (\alpha_1 \mu_2 - \mu_1 \alpha_2)} \right\}^{a_1}$$

lieu des positions du mobile sur le plan ; toutes les courbes renfermées dans (25) sont semblables et ont le centre d'immobilité pour centre de similitude. Comme dans les cas précédents, on reconnaîtrait que tous ces mouvements se ramènent au mouvement sur l'une des courbes. Considérons donc ce mouvement sur l'une d'elles.

Les valeurs de X, Y, ne renfermant le temps qu'en exposant négatif indiquent que le mobile convergera vers le centre d'immobilité sans l'atteindre.

Les conditions initiales sont qu'à l'origine du mouvement le mobile ait une vitesse d'une certaine intensité fonction de $\beta_1\, \beta_2$ de sa position initiale, et dirigée suivant la tangente à la courbe (25) passant par cette position.

La ligne limite est encore ici une droite inclinée sur la trace horizontale du plan et qui a pour équation :

$$(26)\quad (Y-b)(\alpha_1 a_2 \beta_2 - \alpha_2 a_1 \beta_1) - X(a_1^2 - a_2^2)\mu_1\mu_2 + \frac{g(\alpha_1\mu_2 - \alpha_2\mu_1)}{\sin v} = 0.$$

(17) 8e *cas.* $C_1{}' = o$ $C_2{}' = o$.

On trouve que le lieu décrit par le mobile est le même que dans le 7e cas ; seulement ces deux courbes ont des positions symétriques par rapport à l'horizontale menée par le centre d'immobilité ; le mobile, au lieu de tendre vers le centre, s'en éloignera indéfiniment. La ligne limite sera symétrique de la précédente par rapport à l'axe des Y.

DEUXIÈME SECTION.

(18) Je suppose les valeurs de a^2, données par (16), réelles, positives et égales, ou $\cos v = \frac{1}{3}$, le plan prendra une position plus inclinée sur l'horizon. Les formules générales du mouvement s'obtiennent en faisant tendre a_2 vers a_1 dans (19) (20) (21) et en passant à la limite on trouve ainsi :

$$(27)\quad \begin{cases} X = \alpha_1 (A - B\alpha_1 + Bt) e^{a_1 t} - \alpha_1 (A^1 + B^1\alpha_1 + B^1 t) e^{-a_1 t}, \\ Y - b = \mu_1 (A - 3B\alpha_1 + Bt) e^{a_1 t} + \mu_1 (A^1 + 3B^1\alpha_1 + B^1 t) e^{-a_1 t}, \\ \dfrac{dX}{dt} = (A + Bt) e^{a_1 t} + (A^1 + B^1 t) e^{-a_1 t}, \\ \dfrac{dY}{dt} = \beta_1 (A - 2B\alpha_1 + Bt) e^{a_1 t} - \beta_1 (A^1 + 2B^1\alpha + B^1 t) e^{-a_1 t}, \\ \dfrac{R}{m}\cos v - g = [(A - B\alpha_1 + Bt) e^{a_1 t} + (A^1 + B^1\alpha_1 + B^1 t) e^{-a_1 t}]\, a_1 \beta_1 \sin v, \end{cases}$$

A B A' B' désignant les constantes arbitraires. Ces formules vérifient en effet les équations différentielles du mouvement.

Les observations développées dans le paragraphe (8) sont applicables ici.

L'équation générale de la ligne limite s'obtiendrait comme il a été dit.

Faisons sur l'état initial du mobile diverses suppositions :

(19) 1er *cas.* Soit $A = o$ $B = o$ $A' = o$ $B' = o$.

Les formules (27) montrent que le mobile reste constamment au centre d'immobilité.

(20) 2e *cas.* Soit $B = o$ $A' = o$ $B' = o$.

On retrouve les formules du 2e cas de la première section, et par suite le même mouvement rectiligne.

(21) 3e *cas.* Soit $A = o$ $B = o$ $B' = o$.

On retrouve le 3e cas de la première section, le mouvement est rectiligne.

(22) 4e *cas.* Soit $A = o$ $A' = o$ $B' = o$

Les équations (27) deviennent :

$$X = \alpha_1 B(t - \alpha_1)e^{\alpha_1 t} \qquad \frac{dX}{dt} = Bte^{\alpha_1 t} \qquad \frac{R}{m}\cos v - g = \alpha_1 \beta_1 B \sin v\,(t - \alpha_1)e^{\alpha_1 t}$$

$$Y - b = \mu_1 B(t - 3\alpha_1)e^{\alpha_1 t} \qquad \frac{dY}{dt} = \beta_1 B(t - 2\alpha_1)e^{\alpha_1 t}.$$

On déduit de ces formules l'état initial, l'élimination de t entre les valeurs de X Y donne pour l'équation du lieu :

$$\mu_1 X - \alpha_1(Y - b) = 2\alpha_1^2 \mu_1 B e^{\frac{\alpha_1(Y - b) - 3\mu_1 X}{\alpha_1(Y - b) - \mu_1 X}}. \tag{28}$$

Si l'on change le signe de B, on trouve une courbe symétrique de (28) par rapport au centre d'immobilité pris comme point de symétrie, tous les lieux décrits sont des courbes semblables à l'une ou l'autre de ces deux courbes.

La ligne que suit le mobile et son mouvement se reconnaissent facilement à l'inspection des formules précédentes.

A l'origine du mouvement, le mobile devra être placé en un point m, m' quelconque de la droite $\alpha_1(Y-b)-3\mu_1 X=o$ ou ii', avec une vitesse dirigée suivant la perpendiculaire à la trace horizontale du plan, et d'une certaine intensité fonction de α_1, 6_1 proportionnelle au rayon vecteur, au bout du temps $t=\alpha_1$ il rencontrera l'axe des Y, et l'horizontale $o'L$ menée par le centre d'immobilité après un temps triple; après un temps double, il changera la direction de son mouvement; d'ascendant, il deviendra descendant ou inversement.

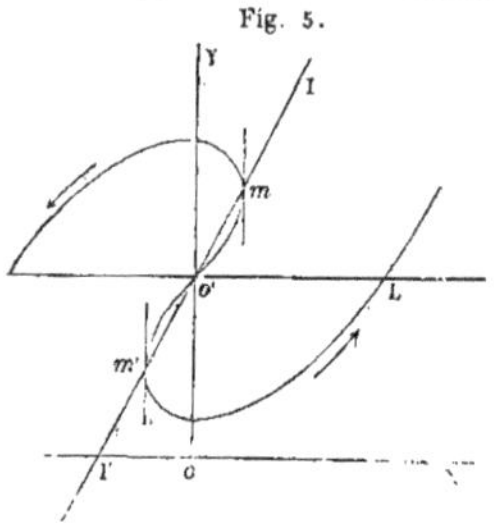

Fig. 5.

On trouve pour équation de la ligne limite : $X=-\frac{g\,\alpha^2_1}{6_1 \sin v}$

(25) 5e *cas.* $A=o$ $B=o$ $A'=o$

Les formules du mouvement deviennent :

$$X=-\alpha_1 B^1(t+\alpha_1)e^{-\alpha_1 t} \quad \frac{dX}{dt}=B^1 t e^{-\alpha_1 t} \quad \frac{R}{m}\cos v-g=B^1 a_1 6_1 \sin v\,(t+\alpha_1)e^{-\alpha_1 t}$$

$$Y-b=\mu_1 B^1(t+3\alpha_1)e^{-\alpha_1 t} \quad \frac{dY}{dt}=-6_1 B^1(t+2\alpha_1)e^{-\alpha_1 t}.$$

On reconnaît facilement que le mobile suivra la même courbe que dans le cas précédent, mais elle sera symétriquement placée par rapport à l'horizontale menée par le centre d'immobilité, le mobile partira d'un point de la ligne symétrique de II', et il s'approchera indéfiniment du centre d'immobilité.

(24) 6e *cas.* $B=o$ $B'=o$.

Les formules du mouvement sont identiques avec celles du 5e cas de la première section ; ainsi le mouvement est le même, le mobile décrira des hyperboles.

TROISIÈME SECTION.

(25) Je suppose les valeurs a^2, imaginaires, ou $\cos v>\frac{1}{3}$, le plan s'abaissera sur l'horizon ; dans les formules (19), je remplace les exponentielles imaginaires par leurs expressions, en sinus et cosinus, et je

représente les constantes arbitraires par AA′ BB′, soient $pqhk$ les parties réelles de $\alpha_1\ \alpha_2\ \mu_1\ \mu_2$ et dont les valeurs sont :

$$p=\frac{r}{2}\sqrt{1+2\cos v-3\cos^2 v} \qquad q=\frac{r}{2}\sqrt{-1+2\cos v+3\cos^2 v}$$

$$h=\frac{1-5\cos^2 v}{4r\cos^3 v} \qquad k=\frac{-\sin v\sqrt{9\cos^2 v-1}}{4r\cos^3 v}.$$

Les formules générales prennent la forme suivante en posant $\frac{1}{p^2+q^2}=m$:

$$\begin{aligned}(29)\qquad X &= me^{pt}[(p\cos qt+q\sin qt)A+(p\sin qt-q\cos qt)A^1]\\ &\quad -me^{-pt}[(p\cos qt-q\sin qt)B-(p\sin qt+q\cos qt)B^1]\\ Y-b &= e^{pt}[(h\cos qt-k\sin qt)A+(k\cos qt+h\sin qt)A^1]\\ &\quad +e^{-pt}[(h\cos qt+k\sin qt)B+(k\cos qt-h\sin qt)B^1]\end{aligned}$$

En différentiant (29), on obtiendrait les composantes $\frac{dX}{dt}$, $\frac{dY}{dt}$ de la vitesse.

On fera ici la même remarque que dans le paragraphe (8).

Considérons le mobile dans plusieurs positions initiales :

(26) 1er *cas.*

Si l'on suppose les 4 constantes nulles, on retrouve le mobile au centre d'immobilité à chaque instant comme dans les premières sections.

(27) 2e *cas.* Soit : $A'=o\ B=o\ B'=o$

Les formules du mouvement deviennent :

$$X=mA(p\cos qt+q\sin qt)e^{pt} \qquad \frac{dX}{dt}=A\cos qte^{pt}$$

$$Y-b=A(h\cos qt-k\sin qt)e^{pt} \qquad \frac{dY}{dt}=A[(ph-qk)\cos qt-(pk+qh)\sin qt]e^{pt}.$$

L'élimination de t entre les valeurs de XY conduit facilement à l'équation transcendante du lieu décrit par le mobile, tous les lieux obtenus en faisant varier la constante arbitraire A sont semblables, et leur centre est le centre d'immobilité.

On trouve une équation du 1er degré, et par conséquent une ligne droite pour la ligne limite, en suivant le procédé déjà indiqué. Des formules précédentes, on conclut ce qui suit :

A l'origine du mouvement on devra placer le mobile en un point quelconque de la droite $(Y-b)\,mp - hX = o$, ou AB, lui imprimer une certaine vitesse fonction de $ph - qk$, proportionnelle au rayon vecteur et dirigée suivant la tangente à la courbe transcendante, passant par sa position, dont il vient d'être question, alors le mobile suivra cette courbe après chaque intervalle de temps égal à $\frac{\Pi}{q}$ il repassera sur AB, rencontrera la droite A'B' ou $(Y-b)\,mq + kX = o$ après le temps $\frac{\Pi}{2q}$, puis après des intervalles de temps égaux à $\frac{\Pi}{b}$, il en résulte que chacun des 4 angles formés par les deux droites AB, A'B' sera parcouru pendant un même temps $\frac{\Pi}{2q}$, en général après chaque intervalle $\frac{\Pi}{q}$ le mobile prendra une position opposée sur le prolongement de son rayon vecteur, et il se retrouvera sur son rayon après $\frac{2\Pi}{q}$, ainsi le lieu décrit a la forme d'une spirale, $\frac{2\Pi}{q}$ est le temps de chaque ondulation, et d'une ondulation à l'autre, les rayons vecteurs ainsi que la vitesse du mobile croissent en progression géométrique.

Fig. 6.

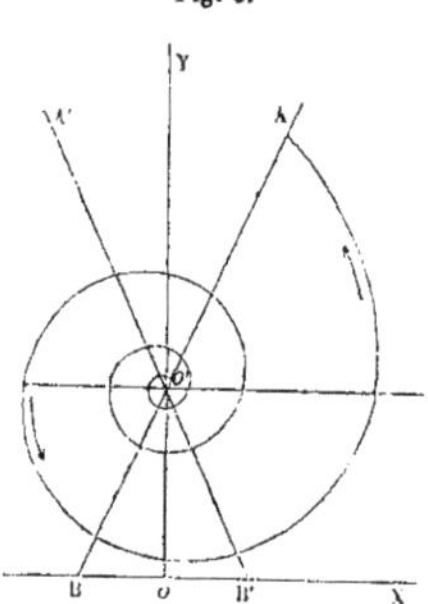

Si le mobile part d'un point de la direction o'A, il suivra la courbe indiquée sur la figure dans le sens de la flèche, mais s'il partait du prolongement o'B, il suivrait une branche symétrique par rapport au centre d'immobilité.

(28) 3e *cas.* $A = o$ $A' = o$ $B' = o$

On obtient :

$$X = mB(-p\cos qt + q\sin qt)e^{-pt}$$
$$Y - b = B(h\cos qt + k\sin qt)e^{-pt}.$$

Ces équations ne diffèrent de celles du 2e cas que par le signe de

p et k, on reconnaît alors que l'équation du lieu relative à ce 3e cas ne diffère de la précédente que par le signe de $Y-b$, ainsi le mobile décrira une portion de la courbe de la figure, pourvu qu'elle soit placée dans une position symétrique par rapport à l'horizontale menée par le centre d'immobilité. Parti d'un point de la droite symétrique de AB, il s'avancera indéfiniment vers le centre d'immobilité, en tournant autour. Les rayons vecteurs d'une ondulation à l'autre décroîtront en progression géométrique.

Je terminerai ici cette discussion, en remarquant que le mobile ne peut se mouvoir en ligne droite comme dans les deux premières sections. En effet, si après avoir multiplié les équations (29) par des indéterminées indépendantes du temps, on les ajoute, le second membre ne peut être constant, que si les 4 constantes sont nulles, ce qui place le mobile au centre d'immobilité.

Si l'on jette un coup d'œil sur la discussion précédente, on reconnaît l'influence de l'inclinaison du plan sur la nature des courbes que le mobile peut décrire. Quand le plan a une certaine élévation au-dessus de l'horizon, le mobile peut décrire 4 lignes droites, et une infinité d'hyperboles semblables à 2 hyperboles ou à leurs conjugués et de même centre de similitude. Si l'inclinaison du plan dépasse une limite représentée par $\cos v = \frac{1}{3}$ on trouve des courbes décrites en forme de spirale. Dans tous les cas il existe un point central où le corps peut rester immobile, et vers lequel on le voit converger indéfiniment sans qu'il puisse l'atteindre, ou dont il s'éloigne à l'infini, à moins qu'il ne vienne rencontrer certaines lignes limites souvent droites, et sur lesquelles il se détache du plan. Si le mobile part des différents points d'un rayon quelconque émanant du point central avec des vitesses proportionnelles à ces rayons, et de même direction, il décrira des courbes semblables de même centre de similitude, et à chaque instant, il se trouvera sur un même rayon vecteur. Les courbes que décrit le mobile dans l'un des 4 angles formés par l'axe oY et l'horizontale menée par le point central, sont aussi décrites dans l'angle opposé d'un même mouvement, mais inverse, on le reconnaît en changeant le signe des constantes.

DEUXIÈME PARTIE.

Mouvement d'une sphère homogène pesante sur un plan fixe, en ayant égard au frottement.

(1) Je prends le plan fixe pour celui des x,y, je donne au plan des xz une direction parallèle à celle de la pesanteur. Soient : α,β, les angles de la direction KH de la vitesse du point de contact de la sphère avec celles des axes x,y, au bout du temps quelconque t,V cette vitesse; ε l'angle de la direction $o'p$ de la pesanteur avec celle des x, $x_i y_i$ les coordonnées du centre o' de la sphère, l son rayon. F le frottement de direction contraire à la vitesse du point de contact de la sphère, p,q,r les composantes autour des axes $o'x'$, $o'y'$ o,z' parallèles aux axes x,y,z, de la vitesse angulaire ω de rotation de la sphère tournant autour de son centre supposé fixe, m la masse de la sphère.

Fig. 6.

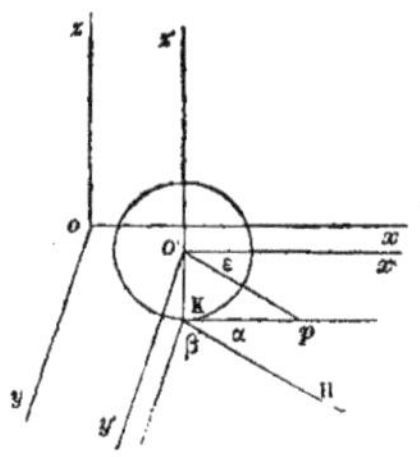

Équations du mouvement de la sphère.

(2) Le mouvement d'un corps solide peut se décomposer en deux mouvements, l'un de translation qui sera le mouvement de l'un de ses points, l'autre de rotation autour de ce point supposé fixe. La connaissance de ces deux mouvements déterminera celui du corps. On prendra de préférence pour ce point le centre de gravité de la sphère. Alors la rotation autour du point regardé comme fixe s'exécutera en vertu des forces appliquées à la sphère ; et ce point lui-même se mouvra comme

si, la masse de la sphère y étant concentrée, les forces motrices qui agissent sur elle y étaient transportées parallèlement à elles-mêmes; la vitesse d'un point quelconque de la sphère est la résultante de la vitesse de rotation de ce point, et de sa vitesse de translation.

De ces principes on déduit facilement les équations (1) relatives à la vitesse du point de contact de la sphère, les équations (2) de la rotation de la sphère autour de son centre et enfin les équations (3) du mouvement du centre de gravité :

$$(1)\quad \begin{cases} V\cos\alpha = \dfrac{dx_1}{dt} - lq \\ V\cos\beta = \dfrac{dy_1}{dt} + lp \end{cases}$$

$$(2)\quad \begin{cases} \dfrac{dp}{dt} = -\dfrac{5hg\sin\varepsilon}{2l}\cos\beta \\ \dfrac{dq}{dt} = \dfrac{5hg\sin\varepsilon}{2l}\cos\alpha \\ \dfrac{dr}{dt} = 0 \end{cases}$$

$$(3)\quad \begin{cases} \dfrac{d^2x_1}{dt^2} = -hg\sin\varepsilon\cos\alpha + g\cos\varepsilon \\ \dfrac{d^2y_1}{dt^2} = -hg\sin\varepsilon\cos\beta \end{cases}$$

On a fait dans ces équations le moment d'inertie de la sphère par rapport à un diamètre égal à $\frac{2}{5}l^2m$, et de plus $F = hmg\sin\varepsilon$, c'est-à-dire le frottement proportionnel à la pression $mg\sin\varepsilon$ de la sphère sur le plan. Je regarderai le coefficient h du frottement comme constant.

(3) Entrons dans quelques explications sur les équations (2) soient au bout du temps t, X,Y,Z, les composantes dans le sens des axes $o'x'$, $o'y'$, $o'z'$, de la force appliquée à un élément dm de la sphère, x,y,ξ les coordonnées de cet élément; d'après le principe de d'Alembert, les forces appliquées aux éléments de la sphère et les forces effectives prises en sens contraire doivent se faire équilibre sur la sphère dont le centre est regardé comme fixe; on a donc entre ces forces 3 équations d'équilibre qui peuvent s'écrire ainsi :

$$\Sigma\left(x\frac{d^2y}{dt^2}-y\frac{d^2x}{dt^2}\right)dm=\Sigma(xY-yX)$$

$$\Sigma\left(\xi\frac{d^2x}{dt^2}-x\frac{d^2\xi}{dt^2}\right)dm=\Sigma(\xi X-xZ)$$

$$\Sigma\left(y\frac{d^2\xi}{dt^2}-\xi\frac{d^2y}{dt^2}\right)dm=\Sigma(yZ-\xi Y)$$

On ne tiendra pas compte de la pesanteur qui passe par le point fixe, ni de la pression du plan dont la direction passe aussi par ce point, il ne reste donc que le frottement appliqué au point de contact dont les coordonnées sont : $x=o$ $y=o$ $\xi=-l$, et qui a pour composantes : $X=-F\cos\alpha$, $Y=-F\cos\beta$ $Z=o$.

Les relations précédentes conduisent donc à :

$$\Sigma\left(x\frac{d^2y}{dt^2}-y\frac{d^2x}{dt^2}\right)dm=0$$

$$\Sigma\left(\xi\frac{d^2x}{dt^2}-x\frac{d^2\xi}{dt^2}\right)dm=lF\cos\alpha$$

$$\Sigma\left(y\frac{d^2\xi}{dt^2}-\xi\frac{d^2y}{dt^2}\right)dm=-lF\cos\beta$$

soient a,b,c, les angles que fait l'axe instantané avec les axes des coordonnées on a :

$$p=\omega\cos a \qquad q=\omega\cos b \qquad r=\omega\cos c;$$

soit k le moment d'inertie de la sphère par rapport à l'un de ses diamètres, $k\omega$ exprime la somme des moments des quantités de mouvement par rapport à l'axe de rotation. Les projections de cette somme de moment sur les plans coordonnés sont donc :

$$k\omega\cos a=pk \qquad k\omega\cos b=qk \qquad k\omega\cos c=rk.$$

mais ces projections ont aussi pour expressions :

$$\Sigma\left(y\frac{d\xi}{dt}-\xi\frac{dy}{dt}\right)dm,\quad \Sigma\left(\xi\frac{dx}{dt}-x\frac{d\xi}{dt}\right)dm,\quad \Sigma\left(x\frac{dy}{dt}-y\frac{dx}{dt}\right)dm.$$

En égalant ces valeurs deux à deux, puis en différentiant par rapport au temps, on trouve :

$$\Sigma\left(y\frac{d^2\xi}{dt^2}-\xi\frac{d^2y}{dt^2}\right)dm=k\frac{dp}{dt}\qquad \Sigma\left(\xi\frac{d^2x}{dt^2}-x\frac{d^2\xi}{dt^2}\right)dm=k\frac{dq}{dt}$$

$$\Sigma\left(x\frac{d^2y}{dt^2}-y\frac{d^2x}{dt^2}\right)dm=k\frac{dr}{dt}.$$

Si l'on compare ces égalités aux premières relations on en déduit :

$$k\frac{dp}{dt}=-l\text{F}\cos 6\qquad k\frac{dq}{dt}=l\text{F}\cos\alpha\qquad k\frac{dr}{dt}=0,$$

Ce qui conduit aux équations (2), si on remplace K et F par leurs valeurs.

L'équation $\frac{dr}{dt}=0$ montre que la vitesse de rotation de la sphère autour de l'axe du plan fixe est constante.

(4) Intégration des équations du mouvement de la sphère, les équations (1) donnent :

$$\frac{\cos\alpha}{\cos 6}=\frac{\frac{dx_1}{dt}-lq}{\frac{dy_1}{dt}+lp},$$

d'où, en différentiant par rapport au temps, et en s'appuyant sur les équations (2), (3).

$$(4)\qquad \frac{d}{dt}\left(\frac{\cos\alpha}{\cos 6}\right)=\frac{g\cos\varepsilon}{\text{V}\cos 6}.$$

De cette relation je vais déduire les intégrales des équations du mouvement de la sphère.

(5) Je considère d'abord le cas particulier du plan horizontal.

Si le plan fixe est horizontal on a : $\cos\varepsilon=0$; (4) nous montre que la différentielle de $\frac{\cos\alpha}{\cos 6}$ est constamment nulle, ainsi la direction de la vitesse du point de contact de la sphère est constante pendant tout le mouvement.

Je prends l'axe des x dans la direction de cette vitesse, on aura pendant tout le mouvement $\cos 6=0$ $\cos\alpha=\pm 1$ selon que la vitesse sera dirigée dans le sens des x positifs ou en sens contraire. Les équations du mouvement se réduisent à :

$$V\cos\alpha=\frac{dx_1}{dt}-lq,\ \frac{dp}{dt}=o,\ \frac{dq}{dt}=\frac{5hg}{2l}\cos\alpha,\ \frac{dr}{dt}=o,$$
$$\frac{d^2x_1}{dt^2}=-hg\cos\alpha,\ \frac{d^2y_1}{dt^2}=o;$$

D'où en intégrant et en désignant par u,s, les composantes de la vitesse initiale du centre de la sphère, par p_o,q_o les composantes de la vitesse initiale de rotation autour des axes des x et des y, et par V_o la vitesse initiale du point de contact de la sphère :

$$(5)\quad \begin{cases} p=p_0,\ q=q_0+\dfrac{5hgt\cos\alpha}{2l},\ \dfrac{dx_1}{dt}=u-hgt\cos\alpha,\ \dfrac{dy_1}{dt}=s,\\ x_1=ut-\dfrac{1}{2}hgt^2\cos\alpha,\ y_1=st,\end{cases}$$

l'élimination de t entre les valeurs de x_1y_1 conduit à l'équation du lieu des points de contact sur le plan :

$$(6)\qquad s^2x_1=suy_1-\frac{1}{2}hgy^2_1\cos\alpha,$$

équation d'une parabole dont l'axe est parallèle à la direction constante de la vitesse du point de contact de la sphère.

On reconnaît facilement que la courbe s'étend dans le sens opposé de la vitesse initiale du point de contact.

L'équation $V=V_o-\frac{7}{2}hgt$ montre que la vitesse du point de contact ira toujours en diminuant, jusqu'à ce qu'elle devienne nulle au bout du temps $T=\frac{2V_o}{7hg}$, ce temps est proportionnel à la vitesse initiale, et en raison inverse du coefficient du frottement, lequel dépend de la nature des surfaces de contact.

$\frac{dx_1}{dt}$ devient négatif à partir du temps : $t=\frac{u}{hg\cos\alpha}$, ce qui suppose u et $\cos\alpha$ de même ligne, donc si $t<T$ et si à l'origine du mouvement les vitesses du centre de gravité et du point de contact sont de même sens, le mobile reviendra sur lui-même.

Les composantes p,r étant constantes, l'axe instantané de rotation décrit un plan perpendiculaire au vertical mené par la direction de la vitesse du point de contact de la sphère, le centre de la sphère étant supposé fixe; de plus il se trouve dans un plan vertical variable, faisant avec le vertical précédent un angle dont la tangente est $\frac{q}{p}$; ainsi cet axe est complétement déterminé.

(6) Supposons actuellement le plan fixe incliné, les équations (1) (2) (3) conduisent facilement à :

$$\frac{d(\mathrm{V}\cos 6)}{dt} = -\frac{7}{2}hg\sin\varepsilon\cos 6. \tag{7}$$

(4) donne :

$$\frac{d(\mathrm{V}\cos 6)}{dt} = g\cos\varepsilon\frac{d}{dt}\left[\frac{1}{\frac{d}{dt}\left(\frac{\cos\alpha}{\cos 6}\right)}\right]; \tag{8}$$

éliminons $\frac{d(\mathrm{V}\cos 6)}{dt}$ entre ces deux relations, et il vient :

$$\frac{d}{dt}\left[\frac{1}{\frac{d}{dt}\left(\frac{\cos\alpha}{\cos 6}\right)}\right] = -\frac{7}{2}h\,\mathrm{tang}\,\varepsilon\cos 6; \tag{9}$$

je pose $\frac{\cos\alpha}{\cos 6} = y$, ce qui donne $\cos 6 = \frac{1}{\pm\sqrt{1+y^2}}$, l'équation (9) peut donc s'écrire ainsi, en posant $n = \frac{7}{2}h\,\mathrm{tang}\,\varepsilon$:

$$\frac{d\left(\frac{dy}{dt}\right)}{\frac{dy}{dt}} = \frac{n\,dy}{\pm\sqrt{1+y^2}}; \tag{10}$$

l'intégrale première de (10), en désignant par D la constante arbitraire, est :

$$\mathrm{D}\,dt = \frac{dy}{\left(y \pm \sqrt{1+y^2}\right)^n}, \tag{11}$$

équation qui s'écrit ainsi :

(12) $$D\,dt = \left(-y \pm \sqrt{1+y^2}\right)^n dy;$$

je pose : $\xi = -y \pm \sqrt{1+y^2}$ d'où : $y = \frac{1-\xi^2}{2\xi}$ $dy = \frac{1+\xi^2}{2\xi^2} d\xi$.

(12) se réduit à :

$$D\,dt = -\frac{1}{2}\xi^{n-2}d\xi - \frac{1}{2}\xi^n d\xi,$$

qui a pour intégrale, en désignant par D' une constante arbitraire :

(13) $$D' - Dt = \frac{1}{2}\frac{\xi^{n+1}}{n+1} + \frac{1}{2}\frac{\xi^{n-1}}{n-1};$$

Pour déterminer les constantes arbitraires, je fais $t = o$ dans (13), cette équation devient, en appelant ξ_0 la valeur initiale de ξ :

$$D' = \frac{1}{2}\frac{\xi_0^{\,n+1}}{n+1} + \frac{1}{2}\frac{\xi_0^{\,n-1}}{n-1},$$

(12) Donne $D = \xi^n \frac{dy}{dt}$, mais d'après (4) $\frac{dy}{dt} = \frac{g \cos \varepsilon}{\frac{dy_1}{dt} + lp}$ donc :

$$D = \frac{g\xi_0^{\,n}\cos\varepsilon}{s + lp_0};$$

l'intégrale (13) s'écrira donc :

(14) $$gt\cos\varepsilon = \frac{s + lp_0}{2\xi_0^{\,n}}\left[\frac{\xi_0^{\,n+1} - \xi^{n+1}}{n+1} + \frac{\xi_0^{\,n-1} - \xi^{\,n-1}}{n-1}\right];$$

On exprime ainsi le temps en fonction de la direction de la vitesse du point de contact, et réciproquement.

L'élimination de $\cos\alpha$ et de $\cos\beta$ entre (2) et (3), conduit en intégrant à :

(15) $$\frac{dx_1}{dt} = u - \frac{2l}{5}(q - q_0) + gt\cos\varepsilon;$$

(16) $$\frac{dy_1}{dt} = s + \frac{2l}{5}(p - p_0);$$

En divisant les équations (1) l'une par l'autre, on obtient :

$$(17) \qquad l(py+q) = \frac{dx_1}{dt} - y\frac{dy_1}{dt};$$

j'élimine $\frac{dx_1}{dt}$, $\frac{dy_1}{dt}$ entre (15) (16) (17), et j'arrive à l'équation :

$$(18) \qquad \frac{7l}{5}(py+q) = gt\cos\varepsilon + \left(\frac{2l}{5}p_0 - s\right)y + \left(\frac{2l}{5}q_0 + u\right)$$

je différentie (18) par rapport au temps, je remplace dt par l'expression $\frac{1}{D}\xi^n dy$ donnée par (12), puis D par sa valeur, et il vient en remarquant que les équations (2) conduisent à $dq + ydp = o$,

$$(19) \qquad (p - p_0 = b(\xi^n - \xi_0^n);$$

je fais pour abréger : $b = \frac{5}{7l}\frac{(s+lp_0)}{\xi^n_0}$

Dans (18) je remplace y par sa valeur, et $p, gt\cos\varepsilon$ par leurs expressions (19), (14), on trouve ainsi :

$$(20) \qquad q - q_0 = \frac{nb}{2}\left[\frac{\xi_0^{n-1} - \xi^{n-1}}{n-1} - \frac{\xi_0^{n+1} - \xi^{n+1}}{n+1}\right]$$

On connaît donc maintenant les valeurs des composantes p, q, en fonction de ξ et par suite en fonction du temps.

En intégrant (15) et (16) et après des substitutions, je suis arrivé aux valeurs suivantes de x_1 y_1 :

$$(21) \quad x_1 - \alpha = A\left(\frac{\xi^{n-1}}{n-1} + \frac{\xi^{n+1}}{n+1}\right) + B\left(\frac{7-2n}{(n-1)^2}\xi^{2(n-1)} + \frac{7+2n}{(n+1)^2}\xi^{2(n+1)} + \frac{3\xi^{2n}}{n^2-1}\right)$$

$$(22) \quad y_1 - \beta = A'\left(\frac{\xi^{n-1}}{n-1} + \frac{\xi^{n+1}}{n+1}\right) - 8B\left(\frac{\xi^{2n+1}}{2n+1} + \frac{\xi^{2n-1}}{2n-1}\right).$$

α, β, désignent des constantes arbitraires, A, A', B, certaines constantes dépendant des valeurs initiales ; u, s, p_0, q_0.

Les coordonnées x_1 y_1 du point de contact sur le plan seront ainsi connues en fonction de ξ.

Le lieu des points de contact sur le plan incliné peut donc être décrit par points, et on connaît de plus pour un temps quelconque : la vitesse du point de contact de la sphère; sa direction, la vitesse de rotation de la sphère, et la direction de l'axe instantanée, ce qui renferme le mouvement de la sphère.

(7) Je vais exprimer directement les composantes p, q en fonction du temps; l'élimination de ξ entre (14) et (19) conduit à :

$$(23) \quad gt\cos\varepsilon = \frac{7lb}{10}\left[\frac{\xi_0^{n+1} - \left(\frac{p-p_0}{b} + \xi_0^{n}\right)^{\frac{n+1}{n}}}{n+1} + \frac{\xi_0^{n-1} - \left(\frac{p-p_0}{b} + \xi_0^{n}\right)^{\frac{n-1}{n}}}{n-1}\right].$$

J'élimine ξ entre (14) et (20), et pour cela je ne suis conduit à résoudre que des équations du 1er degré, en regardant $\frac{\zeta^{n-1}}{n-1}$, $\frac{\xi^{n+1}}{n+1}$ comme des inconnues x y liées par la relation $(n-1)^{n+1} \quad x^{n+1} = (n+1)^{n-1} \quad y^{n-1}$, j'obtiens :

$$(24) \quad \left[\xi_0^{n+1} + \frac{n+1}{nb}\left(q - q_0 - \frac{5}{2l}hgt\sin\varepsilon\right)\right]^{n-1} =$$

$$= \left[\xi_0^{n-1} - \frac{n-1}{nb}\left(q - q_0 + \frac{5}{2l}hgt\sin\varepsilon\right)\right]^{n+1}.$$

Si dans les équations (23), (24), je fais $n = \infty$, ce qui est le cas particulier du plan horizontal, ces formules deviennent :

$$p - p_0 = -\frac{5hgt}{2l}\cos 6 \qquad q - q_0 = \frac{5hgt}{2l}\cos\alpha,$$

valeurs qui coïncident avec celles que donnent directement les formules (2), dans le cas dont il s'agit. On a donc une vérification de (23), (24).

(8) Vitesse du point de contact de la sphère, les équations (1) donnent :

$$V^2 = \left(\frac{dx_1}{dt} - lq\right)^2 + \left(\frac{dy_1}{dt} + lp\right)^2,$$

relation qui devient au moyen des équations (15), (16)

$$(25)\quad V^2 = \left(u - lq_0 - \frac{7l}{5}(q - q_0) + gt\cos\varepsilon\right)^2 + \left(s + lp_0 + \frac{7l}{5}(p - p_0)\right)^2.$$

Lorsque cette vitesse deviendra nulle, le mouvement changera de nature, la sphère roulera sur le plan. Déterminons l'instant où V deviendra nul. (25) nous montre qu'à ce moment on devra avoir en même temps :

$$(26)\qquad u - lq_0 - \frac{7l}{5}(q - q_0) + gt\cos\varepsilon = 0.$$

$$(27)\qquad s + lp_0 + \frac{7l}{5}(p - p_0) = 0.$$

(23) donne alors pour l'instant T, où la vitesse devient nulle :

$$(28)\qquad T = \frac{s + lp_0}{2g\cos\varepsilon}\left(\frac{\xi_0}{n + 1} + \frac{\xi_0^{-1}}{n - 1}\right),$$

pourvu que l'on suppose $n > 1$, (26) donne

$$(29)\qquad \frac{7l}{5}(q - q_0) = u - lq_0 + gT\cos\varepsilon,$$

et (24) se trouve bien satisfait par cette valeur de $q - q_0$, et de T, car chaque membre devient nul séparément.

Nous avons supposé $n > 1$ dans ce qui précède ; si $n < 1$ ou $n = 1$, le plan incliné s'élève sur l'horizon ; (23) conduit alors à une valeur infinie pour T. Ainsi, au delà d'une certaine inclinaison, le mouvement se continue indéfiniment. L'inclinaison du plan déterminée par $n = 1$ est donc remarquable. Pour une inclinaison plus grande, la vitesse du point de contact n'est pas détruite ; pour une inclinaison plus petite, le mouvement se termine, et sa durée est d'autant plus grande que le plan s'approche davantage de la position $n = 1$.

Posons $h = \cot\varepsilon'$, ε' sera l'inclinaison du plan pour laquelle le frottement égale la pesanteur estimée suivant ce plan, on aura : $n = \frac{7}{2}\frac{\tan\varepsilon}{\tan\varepsilon'}$, ainsi, quand $n = 1$, la tangente de l'inclinaison du plan est les $\frac{2}{7}$ de la tangente de l'inclinaison ε'.

La relation (27), qui détermine la composante p à la fin du mouvement, combinée avec (19), conduit à $\xi = o$, donc à la fin du mouvement, la direction de la vitesse du point de contact est perpendiculaire à la trace horizontale du plan incliné, et si le mouvement se continue indéfiniment, la vitesse tend vers cette direction.

(9) Conditions pour que la sphère touche constamment le plan fixe en un même point :

Il faut et suffit qu'à chaque instant, les composantes $\frac{dx_1}{dt}\frac{dy_1}{dt}$ de la vitesse du centre de gravité soient nulles. (15) et (16) conduisent aux conditions : $u = o$, $q - q_o = \frac{5}{2l}\, gt \cos \varepsilon$, $s = op = p_o$. La relation (23) ne peut être satisfaite par $p = p_o$ que si l'on a $p_o = o$. Si l'on suppose $p_o = o$, (24) donne $q - q_o = \frac{5}{2l}\, hgt \sin \varepsilon$, ce qui ne peut s'accorder avec la valeur précédente de q que dans le cas de $\cot \varepsilon = h$. Ainsi, en résumé, les conditions pour que la sphère touche constamment le plan incliné en un même point, sont : premièrement, que le centre de la sphère soit immobile à l'origine du mouvement; secondement, qu'à ce moment la sphère tourne autour d'un axe situé dans un plan perpendiculaire au plan incliné, et parallèle à sa trace horizontale; troisièmement, que l'on donne au plan l'inclinaison sous laquelle la résistance du plan due au frottement égale la pesanteur estimée suivant la direction de ce plan.

(10) Représentation géométrique : premièrement de la direction de l'axe instantané, et de l'intensité de la vitesse angulaire de rotation; secondement, de la direction et de l'intensité de la vitesse du centre de gravité, et du point de contact de la sphère.

En supposant le centre de la sphère fixe, l'axe instantané décrit un cône dont ce centre est le sommet; en prenant sur cet axe une longueur égale en nombre à la vitesse ω de rotation, p, q, r, seront les coordonnées de son extrémité comptées sur les parallèles aux axes fixes menées par le centre de la sphère. La composante r est constante, il en résulte que dans toutes les positions de l'axe instantané, son extrémité se trouve sur un plan parallèle au plan incliné. J'élimine ξ entre (19) et (20) et j'obtiens une relation entre les deux coordonnées p, q, puis, en transportant l'origine des coordonnées au point :

$$(30) \qquad \lambda = p_0 - b\xi_0^n \qquad \mu = q_0 + \frac{nb}{2}\left(\frac{\xi_0^{n-1}}{n-1} - \frac{\xi_0^{n+1}}{n+1}\right).$$

Cette relation, en appelant x, y les nouvelles coordonnées de sorte que : $p = \lambda + x$, $q = \mu + y$, peut s'écrire ainsi :

$$(31) \qquad y = \frac{nb}{2}\left[\frac{1}{n+1}\left(\frac{x}{b}\right)^{\frac{n+1}{n}} - \frac{1}{n-1}\left(\frac{x}{b}\right)^{\frac{n-1}{n}}\right].$$

équation d'un cylindre dont les génératrices sont perpendiculaires au plan incliné. Ainsi, la position de l'axe instantané à chaque instant, et la vitesse de rotation ω, s'obtiennent en joignant le centre de la sphère à un point de la section droite formée en coupant ce cylindre par un plan. Qnand l'état initial change, l'origine des coordonnées se déplace, mais dans l'équation (31), b seul varie; d'où l'on conclut que, si l'état initial de la sphère se modifie, les sections droites décrites par l'extrémité de l'axe instantané restent semblables et semblablement placées. Ces courbes semblables sont les sections du cône qu'engendre l'axe instantané par des plans parallèles au plan fixe. La vitesse de rotation est un minimum, quand la projection de cet axe sur le plan incliné est normale à la trace du cylindre sur ce plan.

Quand le plan fixe est horizontal, le cylindre se réduit à un plan perpendiculaire à la direction constante de la vitesse du point de contact de la sphère, car (31) devient :

$$\frac{s + lp_0}{u - lq_0}\,\frac{y}{x} + 1 = 0,$$

la section droite devient une droite, la vitesse de rotation est minimum quand la projection horizontale de l'axe instantané est parallèle à la direction de la vitesse du point de contact de la sphère.

Je construis la courbe (31), et pour fixer les idées je suppose : $n > 1$; $\lambda, \mu, s + lp_0$ et par suite b, positifs.

Fig. 9.

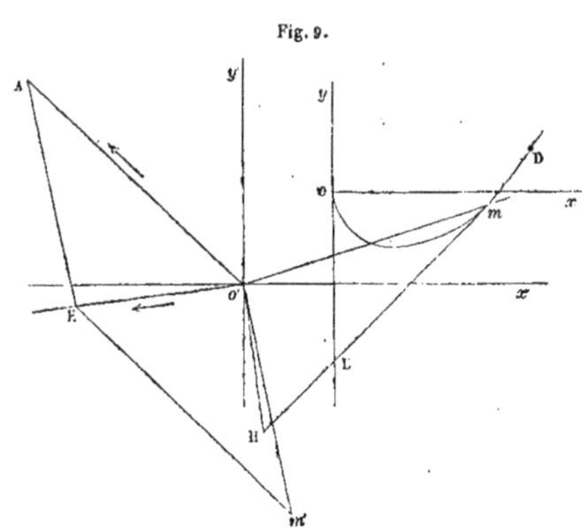

Dans cette construction o' est la projection sur le plan incliné du centre de la sphère supposé fixe, o la nouvelle origine dont λ, μ sont les coordonnées, $o'x'$ la direction des x perpendiculaires à la trace horizontale du plan, omD la courbe (31) — la courbe passe par l'origine, et est tangente en ce point à l'axe des y, l'équation (19) a donné $\xi = o$ à la fin du mouvement et par suite $p = \lambda$ d'où $x = o$, on déduit $q = \mu$ de (20), ainsi à la fin du mouvement l'extrémité de l'axe instantané se projette en o, d'ailleurs à l'origine $x = b\xi_o^n$, soit D ce point. La projection de l'extrémité de l'axe parcourt donc l'arc Dmo.

L'équation (31) conduit au coefficient différentiel :

$$\frac{dy}{dx} = \frac{1}{2}\left[\left(\frac{x}{b}\right)^{\frac{1}{n}} - \left(\frac{x}{b}\right)^{-\frac{1}{n}}\right]. \tag{32}$$

(19) peut s'écrire ainsi $\frac{x}{b} = \xi^n$; ξ a pour valeur $\xi = \frac{1 - \cos\alpha}{\cos 6}$.

(32) prend alors la forme :

$$\frac{dy}{dx} = -\frac{\cos\alpha}{\cos 6}. \tag{33}$$

Cette relation nous montre que la direction de la vitesse du point de contact de la sphère est à chaque instant perpendiculaire à la tangente à la section droite menée au point que décrit à ce moment l'extrémité de l'axe instantané. D'ailleurs le sens de cette vitesse est donné par la formule :

$$\text{(34)} \qquad V\cos 6 = \frac{7l}{5} x;$$

que l'on déduit de (1). Cette direction est donc complétement déterminée. Soit $o'm$ la projection de l'axe instantané à un instant donné, mL la tangente à la courbe au point m, o'A la perpendiculaire à mL, la vitesse du point de contact sera dirigée suivant o'A.

Nous avons vu que la vitesse angulaire de rotation est minimum quand la projection de l'axe instantané est normale à la courbe ; à ce moment la direction de l'axe instantané et celle de la vitesse du point de contact se trouvent donc dans un même plan perpendiculaire au plan incliné. A la fin du mouvement, la projection de l'axe est $o'o$, oy est la tangente, par suite $x'o'$ la direction de la vitesse du point de contact; ainsi on retrouve ce qui a été dit qu'à ce moment cette direction est perpendiculaire à la trace horizontale du plan.

Soit δ l'angle que fait la tangente mL avec l'axe des x, on a $\delta = 6$, et la relation (34) devient :

$$\text{(35)} \qquad \frac{V}{l} = \frac{7}{5} \frac{x}{\cos \delta} = \frac{7}{5} mL,$$

mL étant la longueur de la tangente comprise entre le point de contact m et l'axe des y. Prenons $mH = \frac{7}{5} mL$, mH représentera la vitesse V du point de contact de la sphère rapportée à l'unité, c'est-à-dire diminuée dans le rapport du rayon de la sphère l à l'unité. Les équations (1) s'écrivent ainsi :

$$\text{(36)} \qquad \frac{dx_1}{dt} = V\cos\alpha + lq, \quad \frac{dy_1}{dt} = V\cos 6 - lp;$$

Construisons $o'm'$ égal à la projection $o'm$ et perpendiculaire à cette ligne, on peut regarder $o'm'$ comme représentant en grandeur et en direction une vitesse dont $q, -p$, seraient les composantes suivant les axes $o'x'$, $o'y'$. Soit $o'A = m$H, d'après (36) la diagonale o'E du parallélogramme construit sur $o'A$ et $o'm'$ représentera en grandeur et en direction la vitesse du centre de gravité de la sphère rapportée à l'unité, joignons $o'H$, les deux triangles $o'mH$, $o'm'E$ sont égaux ; en effet les deux angles $Em'o'$, Hmo' sont égaux comme ayant leurs cotes perpendiculaires, et les cotes qui comprennent ces angles sont égaux deux à deux, donc $o'H = o'E$, ainsi $o'H$ représente aussi l'intensité de la vitesse du centre de la sphère rapportée à l'unité. L'égalité de ces triangles conduit à l'égalité des angles $Eo'm'$, $Ho'm$, par suite les angles $Eo'H$, $m'o'm$ sont égaux ; mais l'angle $m'o'm$ vaut un droit, donc $o'E$ est perpendiculaire à $o'H$.

Il résulte de ce qui précède que les trois côtés du triangle $mo'H$, facile à construire, représentent la vitesse du centre de gravité et du point de contact rapportées à l'unité, ainsi que la composante de la vitesse angulaire de rotation parallèlement au plan fixe ; que les directions des deux premières vitesses sont perpendiculaires aux côtés de ce triangle qui les représentent, et enfin que la rotation se fait dans un plan dont l'axe se projette sur le troisième côté. Je suis aussi parvenu à ces résultats par une autre voie.

(11) Examinons ce que devient cette construction dans le cas du plan horizontal.

On a :

$$\cos\alpha = \pm 1, \quad \cos 6 = 0, \quad \lambda = p_0, \quad p = p_0, \qquad \text{d'où} \quad x = 0.$$

Fig 8.

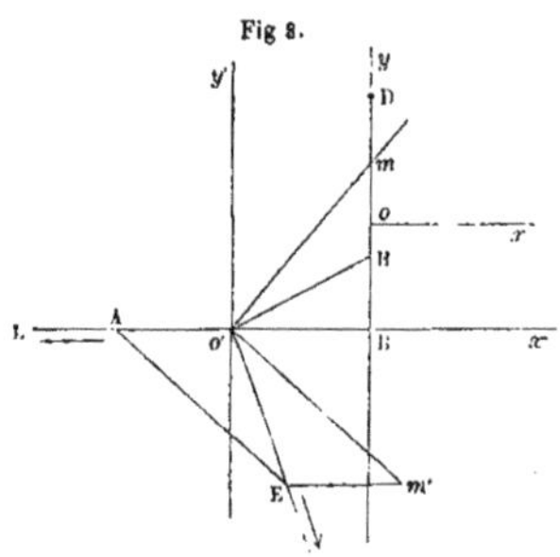

Ainsi la ligne décrite par l'extrémité de l'axe instantané est une droite perpendiculaire au plan vertical mené par la direction constante de la vitesse du point de contact de la sphère. Pour fixer les idées, je suppose $\cos\alpha = -1$, c'est-à-dire la vitesse du point de contact de sens contraire à $o'x'$, soit $DB = q_0$ $oB = \mu$ D, o, sont les points de départ et d'arrivée. Soit m la projection de l'extrémité de l'axe instantané au bout du temps t, les formules relatives au cas du plan horizontal donnent :

$$\frac{V}{l} = \frac{7}{5}(q - \mu) = \frac{7}{5} om = mH, \tag{37}$$

la direction $o'L$ de la vitesse du point de contact est encore normale à la ligne Dm parcourue.

Soit $o'm'$ égal et perpendiculaire à $o'm$, de plus $o'A = mH$, la diagonale $o'E$ du parallélogramme construit sur $o'A$, $o'm'$ représente la vitesse du centre de gravité de la sphère ramenée à l'unité en grandeur et en direction. On reconnaîtrait comme précédemment que $o'H = O'E$, et que ces droites sont perpendiculaires entre elles; ainsi les trois côtés du triangle $o'mH$ représentent les trois vitesses.

(12) Faisons diverses suppositions sur l'état initial de la sphère. Admettons que l'état initial de la sphère varie, mais que la direction de la vitesse initiale du point de contact reste constante. Désignons avec un accent les données du nouvel état initial. ξ_0 sera constant et l'on aura :

$$\frac{b^1}{b} = \frac{s^1 + lp_0^1}{s + lp_0} = \frac{u^1 - lq_0^1}{u - lq_0} = \frac{V_0^1}{V_0} = k; \tag{38}$$

k est le rapport de similitude des courbes semblables représentées par (31). La relation (23) montre facilement, qu'en passant d'une courbe à l'autre, les points correspondants sont décrits après des temps qui varient dans le rapport de similitude, il suffit de remarquer pour cela que $\frac{p - p_0}{b} + \xi_0'' = \frac{x}{b}$.

Les tangentes aux points correspondants de ces courbes semblables et semblablement placées, seront parallèles, et de plus les longueurs mL de ces tangentes varieront dans le rapport de similitude. On conclut de ce qui précède, premièrement : qu'en passant d'une courbe à l'autre les points correspondants des sections droites seront décrits par les extrémités de l'axe instantané après des temps qui varieront dans le rapport de similitude, rapport qui est celui des vitesses initiales du point de contact; secondement, qu'après ces temps, les directions des vitesses du point de contact se retrouveront les mêmes, et que leurs intensités auront varié dans le rapport de similitude.

Si les directions initiales de la vitesse du point de contact, et de la vitesse du centre de gravité sont constantes, et si leurs intensités varient dans un même rapport k, on aura : $u' = ku$, $s' = ks$ et les relations (38) donneront : $q'_0 = kq_0$, $p'_0 = kp_0$.

On reconnaît facilement que l'origine o se transporte sur une même droite passant par o' à une distance proportionnelle à k, on en conclut par des considérations géométriques que, pour deux points correspondants sur les sections droites semblables, les projections $o'm$ de l'axe instantané suivent une même direction, et croissent dans le rapport k, qu'il en est de même des droits o'H qui représentent la vitesse du centre de gravité. Il en résulte que, si les vitesses du centre de la sphère et du point de contact conservent leurs directions initiales, et si leurs intensités varient dans un même rapport k, ces vitesses, après des temps qui auront varié dans ce rapport, reprendront une même direction et des intensités proportionnels à k; de plus, en admettant que la composante r de rotation, par rapport à l'axe du z varie dans le même rapport; la rotation autour de l'axe instantané aura lieu dans des plans parallèles, à ces moments, et la vitesse angulaire de rotation variera dans le rapport k.

Plaçons à l'origine du mouvement le point de contact toujours en un même point du plan, par exemple à l'origine o' des coordonnées, on trouve alors d'après (21) et (22) que les coordonnées $x_1 y_1$ de ce point varient dans le rapport du carré de k, on en conclut que les lignes décrites par le point de contact sur le plan incliné sont semblables, et que les espaces parcourus varient dans le rapport du carré de k, après des temps qui ont varié dans le rapport k.

Les formules relatives au plan horizontal donnent les mêmes résultats.

(13) Je suppose la direction de la vitesse initiale du point de contact perpendiculaire à la trace horizontale du plan, ou $s + lp_0 = o$, à l'origine $\cos \alpha = \pm 1$ selon que cette vitesse est dirigée dans le sens des x positifs ou en sens contraire; dans les deux cas et quelle que soit l'inclinaison du plan représentée par n (23) donne $p = p_0$ à chaque instant, et la relation (24) conduit à :

$$(39) \qquad q - q_0 = \frac{5hgt}{2l} \sin\varepsilon \cos\alpha;$$

Cos α représentant ici ± 1 selon le sens de la vitesse initiale.

La relation (18), quand on y remplace pq par la valeur précédente, s'écrit ainsi :

$$(40) \qquad (s + lp_0)\, y = u - lq_0 + (1 - n\cos\alpha)\, gt \cos\varepsilon;$$

Elle montre qu'à chaque instant $y = \infty$.

Ainsi, pendant tout le mouvement, la vitesse du point de contact reste perpendiculaire à la trace horizontale du plan.

L'axe instantané décrit un plan parallèle à la trace horizontale du plan, le centre de la sphère étant supposé fixe, l'accroissement de la composante q est proportionnel au temps et au cosinus de l'inclinaison du plan, de sorte qu'il est maximum pour le plan horizontal.

Les composantes de la vitesse du centre de la sphère données par (15) et (16) deviennent :

$$(41) \qquad \frac{dx_1}{dt} = u - gt\,(h \sin\varepsilon \cos\alpha - \cos\varepsilon), \quad \frac{dy_1}{dt} = s,$$

D'où en intégrant :

$$(42) \qquad x_1 = ut - \frac{1}{2} gt^2\,(h \sin\varepsilon \cos\alpha - \cos\varepsilon) \quad y_1 = st,$$

Et l'élimination de t donne pour la courbe des contacts sur le plan

$$(43) \qquad g\,(h \sin\varepsilon \cos\alpha - \cos\varepsilon)\, y_1^2 - 2suy_1 + 2s^2 x_1 = 0.$$

Cette courbe est une parabole dont l'axe est perpendiculaire à la trace horizontale du plan. Le paramètre est de signe contraire à :

$(h \sin \varepsilon \cos \alpha - \cos \varepsilon)$; par conséquent si $\cos \alpha = -1$, c'est-à-dire si, à l'origine du mouvement, le frottemeut tend à faire descendre la sphère, la descente sera nécessairement limitée; il en sera de même, si le frottement tend à faire monter la sphère, et si $h \sin \varepsilon \cos \alpha - \cos \varepsilon > o$, ou en d'autres termes si le frottement l'emporte sur le poids de la sphère estimé suivant le plan. Mais dans le cas de $h \sin \varepsilon \cos \alpha - \cos \varepsilon < o$, le frottement sera moindre que le poids de la sphère, et la sphère ne pourra pas s'élever au delà d'une certaine limite.

Soit : $h \sin \varepsilon \cos \alpha - \cos \varepsilon = o$ les équations précédentes deviennent

$$(44) \qquad \frac{dx_1}{dt} = u, \quad \frac{dy_1}{dt} = s, \quad x_1 = ut, \quad y_1 = st, \quad \frac{x_1}{u} - \frac{y_1}{s} = 0;$$

Le point de contact se meut en ligne droite sur le plan d'un mouvement uniforme; en effet, cela doit être, car les forces qui agissent sur le centre de gravité sont la pesanteur et le frottement, et ici ces deux actions se détruisent.

L'équation (1) conduit à :

$$(45) \qquad V \cos \alpha = u - lq_0 - \left(\frac{7}{2} h \sin \varepsilon \cos \alpha - \cos \varepsilon\right) gt.$$

En résumé, pour un plan incliné et quand la direction de la vitesse initiale du point de contact est perpendiculaire à la trace horizontale du plan, le mouvement est de même nature que sur un plan horizontal.

Vu et approuvé,
Le 4 Mai 1853,
Le Doyen de la Faculté des Sciences,
MILNE EDWARDS.

Permis d'imprimer,
Le 6 Mai 1853,
Le Recteur de l'Académie de la Seine,
CAYX.

THÈSE D'ASTRONOMIE.

SUR

LE MOUVEMENT ELLIPTIQUE DES ASTRES.

PROGRAMME.

Détermination de l'orbite et du mouvement d'un astre, en ne tenant compte que de l'action du soleil.

Exposé d'une méthode d'interpolation qui permet de calculer la longitude et la latitude géocentrique de l'astre à partir d'une époque donnée.

Détermination des éléments de son orbite.

Correction de ces éléments.

Détermination de l'orbite et du mouvement d'un astre, en ne tenant compte que de l'action du soleil.

Dans le système solaire les corps célestes se meuvent à peu près comme s'ils n'obéissaient qu'à la force principale qui les anime, les forces perturbatrices sont peu considérables. Dans une première approximation, on peut donc considérer un astre comme soumis uniquement à l'action du soleil. L'astre et le soleil exercent l'un sur l'autre une action mutuelle; en rapportant le mouvement à leurs centres, nous aurons à considérer le mouvement relatif de deux points qui s'attirent en raison inverse du carré de leurs distances, mouvement qui se ramène au mouvement absolu d'un point attiré vers un centre fixe par une force qui suit la même loi, et ne diffère de la première que par un coefficient constant. Il suffit pour cela d'appliquer à ce point la force accélératrice qui anime le soleil, mais en sens contraire. Nous nous placerons donc dans l'hypothèse d'un centre d'action immobile soit : $\frac{k}{r^2}$ la force accélératrice qui émane de ce centre supposé fixe, k désignant cette force à l'unité de distance, les équations du mouvement sont :

$$(1) \qquad \frac{d^2x}{dt^2}+\frac{kx}{r^3}=0 \qquad \frac{d^2y}{dt^2}+\frac{ky}{r^3}=0 \qquad \frac{d^2\xi}{dt^2}+\frac{k\xi}{r^3}=0\,;$$

$xy\xi$ représentent les cordonnées du centre de l'astre, comptées à partir du centre du soleil, r la distance des deux astres au bout du temps t. Je multiplie les deux premières équations (1) respectivement par y, x, il vient en les retranchant et en intégrant : $x\frac{dy}{dt}-y\frac{dx}{dt}=W$. Si l'on combine deux à deux d'une manière analogue les équations (1), on trouve les intégrales :

$$(2) \qquad x\frac{dy}{dt}-y\frac{dx}{dt}=W \qquad \xi\frac{dx}{dt}-x\frac{d\xi}{dt}=V \qquad y\frac{d\xi}{dt}-\xi\frac{dy}{dt}=U\,;$$

On désigne par UVW les constantes arbitraires, constantes qui représentent encore les projections sur les plans coordonnées du double de l'aire décrite par le rayon vecteur dans l'unité de temps. J'ajoute les équations (2) après les avoir multipliées respectivement par ξyx, on est conduit à :

$$(3) \qquad Ux+Vy+W\xi=0.$$

Ainsi l'orbite de l'astre est située sur un plan passant par le centre du soleil. Pour déterminer cette orbite et le mouvement de l'astre sur ce plan, je le prends pour plan des $x'y'$, et je fais coïncider l'axe des x' avec la trace du plan de l'orbite sur celui des xy, les équations du mouvement se réduisent à :

$$(4) \qquad \frac{d^2x'}{dt^2}+\frac{kx'}{r^3}=0 \qquad \frac{d^2y'}{dt^2}+\frac{ky'}{r^3}=0.$$

on déduit de (4) comme précédemment :

$$x' \frac{dy'}{dt} - y' \frac{dx'}{dt} = \mathrm{H}, \tag{5}$$

H désignant le double de l'aire décrite par le rayon vecteur dans l'unité de temps. L'équation des forces vives s'écrit ainsi :

$$\left(\frac{dx'}{dt}\right)^2 + \left(\frac{dy'}{dt}\right)^2 = \frac{2k}{r} + b \qquad b = \text{constante}. \tag{6}$$

soit p la longitude de l'astre comptée sur le plan de l'orbite à partir de l'axe des x', on a :

$$x' = r\cos p \qquad y' = r\sin p. \tag{7}$$

les équations (5), (6) deviennent :

$$r^2 dp = \mathrm{H}dt. \tag{8}$$

$$\left(\frac{dr}{dt}\right)^2 + r^2 \left(\frac{dp}{dt}\right)^2 = \frac{2k}{r} + b\,; \tag{9}$$

j'élimine dt entre (8) (9) et l'on obtient pour l'équation différentielle de la trajectoire en posant : $\frac{1}{r} = \xi$.

$$dp = \frac{\pm d\xi}{\sqrt{-\xi^2 + \frac{2k}{\mathrm{H}^2}\xi + \frac{b}{\mathrm{H}^2}}}. \tag{10}$$

En supposant que p croisse continuellement, dp sera positif, on prendra donc le signe + quand $d\xi$ sera positif, et le signe — dans le cas contraire, c'est-à-dire selon que le rayon vecteur r diminuera ou augmentera. Quand r passera par ses valeurs maxima et minima, $d\xi$ changera de signe. Ces limites de r, correspondantes à $d\xi = 0$, auront pour valeur :

$$\frac{1}{r} = \frac{k}{\mathrm{H}^2} \pm \sqrt{\frac{k^2}{\mathrm{H}^4} + \frac{b}{\mathrm{H}^2}}\,; \tag{11}$$

Supposons que r croisse à l'origine du mouvement, alors $d\xi$ sera négatif, et l'équation (10) pourra s'écrire ainsi :

$$(12)\qquad dp = -\frac{d\left(\frac{H^2\xi - k}{\sqrt{k^2 + H^2 b}}\right)}{\sqrt{1 - \left(\frac{H^2\xi - k}{\sqrt{k^2 + H^2 b}}\right)^2}},$$

équation qui a pour intégrale :

$$(13)\qquad p - p' = \text{arc}\left(\cos = \frac{H^2\xi - k}{\sqrt{k^2 + H^2 b}}\right)\quad p' = \text{constante arbitraire.}$$

Mais (13) n'est l'intégrale de (12) qu'autant que l'arc $p - p'$ a un sinus positif, supposons qu'à l'origine $p - p'$ sont compris entre o et π, (13) conviendra jusqu'à $p - p' = \pi$. Pour cette valeur de $p - p'$,

$$\frac{H^2\xi - k}{\sqrt{k^2 + H^2 b}} = -1, \quad \text{et par suite : } \xi = \frac{k}{H^2} - \sqrt{\frac{k^2}{H^4} + \frac{b}{H^2}}.$$

A partir de cette valeur le sinus devient négatif, mais en même temps $d\xi$ change de signe, et en écrivant (10) sous la forme :

$$dp = -\frac{d\left(\frac{H^2\xi - k}{\sqrt{k^2 + H^2 b}}\right)}{-\sqrt{1 - \left(\frac{H^2\xi - k}{\sqrt{k^2 + H^2 b}}\right)^2}}.$$

on voit que (13) est encore son intégrale. En continuant ce raisonnement, on reconnaît que (13) est l'intégrale pendant tout le mouvement.

(13) Peut se mettre sous la forme :

$$(14)\qquad r = \frac{\frac{H^2}{k}}{1 + \sqrt{1 + \frac{bH^2}{k^2}}\cos(p - p')}.$$

L'équation d'une section conique rapportée à l'un de ses foyers et à son grand axe est :

(15) $$r = \frac{a(1 - \varepsilon^2)}{1 + \varepsilon \cos D}.$$

a désignant le demi grand axe, ε l'excentricité, D l'angle du rayon vecteur avec l'axe de la courbe, du côté du sommet le plus voisin du foyer. On en conclut que l'orbite est une section conique qui sera une ellipse, une hyperbole ou une parabole, selon que b sera négatif, positif ou nul. La relation $b = \omega_0^2 - \frac{2k}{r_0}$ déduite de (6), et où ω_0, r_0 représentent la vitesse et le rayon initials de l'astre, nous montre que ce signe dépend de l'intensité de la vitesse initiale et nullement de sa direction. Si l'on identifie (14) et (15) on trouve :

(16) $$a(1 - \varepsilon^2) = \frac{H^2}{k} \qquad \varepsilon^2 = 1 + \frac{bH^2}{k^2} \qquad p - p' = D\,;$$

Les formules (16) peuvent encore s'écrire ainsi, en remplaçant b par sa valeur :

(17) $$\frac{1}{a} = \frac{2}{r_0} - \frac{\omega_0^2}{k} \qquad 1 - \varepsilon^2 = \frac{H^2}{ak} \qquad p - p' = D.$$

Ces dernières relations déterminent a, ε ; et l'on reconnaît que p' est l'angle formé avec l'axe des x' par l'axe de l'ellipse du côté du sommet le plus voisin de l'origine des coordonnées.

L'équation de la trajectoire étant connue, il nous reste à déterminer les coordonnées de l'astre en fonction du temps. Nous supposerons que la trajectoire est une ellipse. Si entre les équations (8), (9), on élimine l'une des coordonnées p, r, on obtiendra une relation entre le temps et l'autre coordonnée, et l'intégration donnera cette variable en fonction du temps ; la seconde se déduira ensuite de l'équation de la trajectoire. L'élimination de dp donne :

(18) $$dt = \pm \frac{rdr}{\sqrt{br^2 + 2kr - H^2}}.$$

On prendra le signe + depuis le passage du périhélie jusqu'à l'aphélie, et le signe — dans la seconde moitié de la trajectoire. Pour intégrer (18) j'introduis une nouvelle variable. r est toujours compris entre $a(1-\varepsilon)$ et $a(1+\varepsilon)$, on peut donc poser : $r=a(1-\varepsilon\cos\psi)$, la nouvelle variable ψ est un angle que l'on a appelé anomalie excentrique. En remplaçant r par cette expression dans (18), et b, H par leurs valeurs tirées de (16) il vient :

$$dt = a\sqrt{\frac{a}{k}}(1-\varepsilon\cos\psi)d\psi, \tag{19}$$

dont l'intégrale est, en posant $\lambda=\sqrt{\frac{k}{a^3}}$ et en appelant c une constante arbitraire :

$$\psi-\varepsilon\sin\psi=\lambda t+c, \tag{20}$$

On obtient ainsi ψ en fonction de t, et par suite le rayon vecteur r. La seconde coordonnée p sera donnée par l'équation de la trajectoire.

On peut obtenir p en fonction de ψ directement :

De (8) on déduit, en remplaçant dt par sa valeur (18) en fonction de r :

$$dp=\frac{\mathrm{H}dt}{r^2}=\frac{\mathrm{H}dr}{r\sqrt{br^2+2kr-\mathrm{H}^2}}, \tag{21}$$

D'où, en exprimant r en fonction de ψ :

$$dp=\frac{d\psi}{1-\varepsilon\cos\psi}\sqrt{1-\varepsilon^2}; \tag{22}$$

Pour intégrer, je pose ;

$$1=\cos^2\frac{1}{2}\psi+\sin^2\frac{1}{2}\psi,$$

$$\cos\psi=\cos^2\frac{1}{2}\psi-\sin^2\frac{1}{2}\psi, \qquad \operatorname{tang}\frac{1}{2}\psi=\xi,$$

Il vient en substituant dans (22)

$$dp=\frac{2d\xi\sqrt{\frac{1+\varepsilon}{1-\varepsilon}}}{1+\frac{1+\varepsilon}{1-\varepsilon}\xi^2}, \tag{23}$$

Et par suite en intégrant :

$$(24) \qquad \frac{1}{2}(p-p') = \text{arc}\left(\text{tang} = \xi\sqrt{\frac{1+\varepsilon}{1-\varepsilon}}\right).$$

La constante arbitraire a ici p' pour valeur, car $p-p'$ et ψ doivent être nuls en même temps.

Cette intégrale peut s'écrire ainsi :

$$(25) \qquad \text{tang}\,\frac{1}{2}(p-p') = \sqrt{\frac{1+\varepsilon}{1-\varepsilon}}\,\text{tang}\,\frac{1}{2}\psi;$$

Telle est la valeur de p en fonction de ψ. Le mouvement de l'astre dans son plan est donc ainsi déterminé. Si l'on appelle T le temps de sa révolution, on obtiendra ce temps en faisant $\psi = o$ dans (20), ce qui donne, pour l'instant du passage au périhélie, $t = -\frac{c}{\lambda}$, puis $\psi = 2\pi$, d'où $t = \frac{2\pi - c}{\lambda}$, et, en prenant la différence de ces époques, on trouve ainsi :

$$(26) \qquad \text{T} = \frac{2\pi}{\lambda}.$$

Rapportons actuellement la position de l'astre à un plan fixe, par exemple au plan des xy, appelons τ l'inclinaison du plan de l'orbite sur le plan fixe, q l'angle de sa trace avec l'axe des x ; $xy\xi$ désignant toujours les coordonnées du centre de l'astre au bout du temps t, $x'y'$ les coordonnées du même point dans le plan de l'orbite, on déduit facilement de la méthode des projections :

$$(27) \qquad x = x'\cos q - y'\sin q\cos\tau \qquad y = x'\sin q + y'\cos q\cos\tau \qquad \xi = y'\sin\tau,$$

Et si dans ces formules on remplace $x'y'$ par leurs valeurs $x' = r\cos p$ $y' = r\sin p$ on obtient :

$$(28) \qquad x = r\cos p\cos q - r\sin p\sin q\cos\tau \qquad y = r\cos p\sin q + r\sin p\cos q\cos\tau,$$
$$\xi = r\sin p\sin\tau;$$

On connaît donc les coordonnées $xy\xi$ de l'astre, pourvu que la position du plan de l'orbite soit elle-même déterminée.

Si l'on désire fixer la position de l'astre au moyen de son rayon vecteur, de sa latitude comptée du plan des xy, et de sa longitude prise à partir de l'axe des x, en désignant par α cette longitude et par β la latitude, on obtient :

$$(29)\qquad x = r\cos\beta\cos\alpha \qquad y = r\cos\beta\sin\alpha \qquad \xi = r\sin\beta,$$

ce qui conduit, au moyen de (28), à :

$$(30)\qquad \text{tang}(\alpha - q) = \text{tang}\, p\cos\tau \qquad \sin\beta = \sin p\sin\tau;$$

Les trois coordonnées de l'astre, c'est-à-dire sa longitude, sa latitude et son rayon vecteur, se trouvent donc ainsi déterminées.

Détermination des éléments de l'orbite des astres.

La détermination des éléments de l'orbite des astres, à une époque donnée, au moyen d'observations astronomiques, dépend de deux problèmes distincts. Dans le premier, on détermine les variables telles que la longitude et la latitude de l'astre suivant les puissances du temps, à partir d'une époque donnée ; dans le second, on substitue les coefficients des premiers termes de ces développements dans des formules qui permettent de calculer les distances de l'astre au soleil et à la terre, et par suite les éléments de son orbite. Le premier peut se résoudre simplement par une méthode d'interpolation due à M. Cauchy et dont je vais d'abord donner une idée.

Méthode d'interpolation.

Lorsque dans l'application de l'analyse à l'astronomie, on a déterminé les lois générales du mouvement des corps célestes sous la forme d'équations entre les variables telles que le temps, la vitesse et les coordonnées des mobiles, il faut encore fixer en nombre les paramètres ou constantes arbitraires que renferment ces équations. Le problème d'interpolation consiste à calculer ces paramètres ou constantes arbitraires d'après un nombre au moins égal de données de l'observation. Souvent ces constantes n'entrent qu'au premier degré, par exemple lorsqu'elles représentent les coefficients d'une fonction développable en série convergente ordonnée suivant les puissances d'une variable indépendante. On se propose alors de déterminer ceux que l'on ne peut négliger avec une approximation assez grande pour qu'il n'en résulte pas d'erreur sensible dans les valeurs de la fonction.

Soit y une fonction de la variable t développable en série convergente suivant d'autres fonctions données $u\ v\ w\ p\dots$ de t, ainsi soit :

$$(31) \qquad y = au + bv + cw + \dots + dp + \dots$$

Nous allons nous proposer de calculer approximativement les coefficients a, b, c,... p, et nous déterminerons en même temps quels sont les termes que l'on peut négliger, de manière que l'erreur commise dans la valeur de y soit comparable aux erreurs que comportent les observations.

Je réduis d'abord la série à son premier terme, je suppose

$$(32) \qquad y = au.$$

Soient : $y_1\, y_2 \dots y_n$ n valeurs de y données par l'observation $u_1\, u_2 \dots u_n$ les valeurs correspondantes de u, on n'a pas des valeurs exactes particulières de y dans $y_1\, y_2 \dots y_n$, aussi chacune d'elles ne donnera qu'une valeur approchée de a ; il s'agit d'en trouver une qui diffère le moins possible de la véritable dans les cas les plus défavorables. Soient $\varepsilon_1\, \varepsilon_2 \dots \varepsilon_n$ les erreurs d'observations commises sur $y_1\, y_2 \dots y_n$, on a :

$$(33) \qquad a = \frac{(y_1 + \varepsilon_1)k_1}{u_1 k_1} = \frac{(y_2 + \varepsilon_2)k_2}{u_2 k_2} = \dots = \frac{(y_n + \varepsilon_n)k_n}{u_n k_n},$$

$k_1\, k_2 \dots k_n$ désignant des quantités indéterminées. On en déduit :

$$(34) \qquad a = \frac{k_1 y_1 + k_2 y_2 + \dots + k_n y_n}{k_1 u_1 + k_2 u_2 + \dots + k_n u_n} + \frac{k_1 \varepsilon_1 + k_2 \varepsilon_2 + \dots + k_n \varepsilon_n}{k_1 u_1 + k_2 u_2 + \dots + k_n u_n};$$

Si l'on s'arrête à :

$$(35) \qquad a = \frac{k_1 y_1 + k_2 y_2 + \dots + k_n y_n}{k_1 u_1 + k_2 u_2 + \dots + k_n u_n},$$

l'erreur commise sera :

(36) $$\frac{k_1\varepsilon_1 + k_2\varepsilon_2 + \ldots + k_n\varepsilon_n}{k_1u_1 + k_2u_2 + \ldots + k_nu_n},$$

erreur qu'il faut rendre la moindre possible dans les cas les plus défavorables, en disposant de $k_1\ k_2 \ldots k_n$ convenablement. On peut toujours supposer la plus grande de ces indéterminées réduite à l'unité (abstraction faite du signe), car (36) ne varie pas quand on les fait varier dans un même rapport, je remplace $k_1\ k_2 \ldots k_n$ par $(+1)$ ou (-1) dans (36), de manière que son dénominateur se compose de termes positifs, et je représente ce que devient (36) par :

(37) $$\frac{S\varepsilon}{Su}.$$

(37) A une valeur numérique au plus égale à $\frac{E}{Su}$, E désignant la somme des valeurs numériques de $\varepsilon_1\ \varepsilon_2\ \varepsilon_n$, d'un autre côté en attribuant à $k_1\ k_2\ k_n$ des valeurs inégales, dont la plus grande en valeur absolue soit l'unité, on aura un dénominateur plus petit que Su en valeur absolue, tandis que le numérateur pourra aller jusqu'à E, il en résulte qu'en s'arrêtant à la valeur de a donnée par (35), la plus grande erreur à craindre sera la moindre possible, si l'on attribue à : $k_1\ k_2 k_n$ les valeurs ± 1 en disposant des signes de manière que tous les termes de la somme $k_1\ u_1 + \ldots + k_n\ u_n$ soient positifs. J'écris (35) sous la forme :

(38) $$a = \frac{Sy}{Su}.$$

et l'équation $y = au$ devient :

(39) $$y = \alpha Sy \qquad \text{pour} \quad \alpha = \frac{u}{Su}.$$

Supposons actuellement que la valeur de y ne se réduise pas à son premier terme, désignons par Δy le reste qui doit compléter la valeur de y, ce qui donne :

(40) $$\Delta y = y - \alpha Sy.$$

et posons :

(41) $\Delta v = v - \alpha S v, \quad \Delta w = w - \alpha S w, \quad \Delta p = p - \alpha S p.$

Sy, Sv, Sw, Sp, représentent les sommes des valeurs de y, v, w, p, relatives aux observations, chacune de ces dernières étant prise avec le signe + ou le signe — suivant qu'elle correspond à une valeur positive ou négative de u, de sorte que l'on a :

(42) $Sy = aSu + bSv + cSw + dSp + \ldots;$

Soustrayons cette égalité de (31) après avoir multiplié les deux termes par α, on obtient ainsi :

(43) $\Delta y = b\Delta v + c\Delta w + d\Delta p + \ldots;$

J'opère actuellement sur (43) comme sur (31), je désigne par $S'\Delta v$ la somme des valeurs numériques de Δv relatives aux diverses observations, puis par $S'\Delta y$, $S'\Delta w$, $S'\Delta p, \ldots$ les sommes des valeurs correspondantes de Δy, Δw, $\Delta p, \ldots$ chacune de ces dernières valeurs étant prise avec le signe + ou le signe — suivant qu'elle correspond à une valeur positive ou négative de Δv, de sorte que l'on a :

(44) $S'\Delta y = bS'\Delta v + cS'\Delta w + dS'\Delta p + \ldots;$

Si dans (43) on peut négliger le terme $c\Delta w$ et les suivants on prendra :

(45) $b = \frac{S'\Delta y}{S'\Delta v}$ ou $\Delta y = \beta S'\Delta y$ en posant : $\beta = \frac{\Delta v}{S'\Delta v};$

Supposons encore que ces termes ne puissent être négligés, soit $\Delta^2 y$ le reste du 2e ordre qui doit compléter Δy, ce qui donne :

(46) $\Delta^2 y = \Delta y - \beta S'\Delta y;$

posons ,

(47) $\begin{cases} \Delta^2 w = \Delta w - \beta S'\Delta w \\ \Delta^2 p = \Delta p - \beta S'\Delta p \end{cases};$

multiplions (44) par β et retranchons-le de (43) il vient :

$$(48) \qquad \Delta^2 y = c\Delta^2 w + d\Delta^2 p + \ldots,$$

soient : $S''\Delta^2 w$ la somme des valeurs numériques de $\Delta^2 w$, relatives aux diverses observations, $S''\Delta^2 y,\ldots$ les sommes des valeurs correspondantes de $\Delta^2 y$, $\Delta^2 p,\ldots$ chacune de ces dernières valeurs étant prise avec le signe + ou le signe — suivant qu'elle correspond à une valeur positive ou négative de $\Delta^2 w$, on a :

$$(49) \qquad S''\Delta^2 y = cS''\Delta^2 w + dS''\Delta^2 p + \ldots.$$

Si dans (48) on peut négliger le terme $d\Delta^2 p$ et les suivants on prendra :

$$(50) \qquad c = \frac{S''\Delta^2 y}{S''\Delta^2 w} \quad \text{ou} \quad \Delta^2 y = \gamma S''\Delta^2 y, \qquad \text{en posant} \quad \gamma = \frac{\Delta^2 w}{S''\Delta^2 w};$$

Si l'on ne peut pas négliger ces termes, soit $\Delta^3 y$ le reste du 3e ordre qui doit compléter $\Delta^2 y$, ce qui donne :

$$(51) \qquad \Delta^3 y = \Delta^2 y - \gamma S''\Delta^2 y;$$

posons ,

$$(52) \qquad \Delta^3 p = \Delta^2 p - \gamma S''\Delta^2 p \ldots;$$

multiplions (49) par γ et retranchons-le de (48), il vient :

$$(52) \qquad \Delta^3 y = d\Delta^3 p + \ldots;$$

on opérera sur (52) comme sur (48) (43) (31) et ainsi de suite.

Considérons les relations :

$$(53) \qquad \Delta y = y - \alpha Sy, \quad \Delta^2 y = \Delta y - \beta S'\Delta y, \quad \Delta^3 y = \Delta^2 y - \gamma S''\Delta^2 y \ldots,$$

dans lesquelles α, β, γ, sont données par les relations

$$(54) \qquad \alpha = \frac{u}{Su}, \quad \beta = \frac{\Delta v}{S'\Delta v}, \quad \gamma = \frac{\Delta^2 w}{S''\Delta^2 w} \ldots;$$

Supposons que dans (31) tous les termes soient nuls à partir du second on aura : $y = \alpha Sy$ et par suite : d'après (53)

$$(55) \qquad \Delta y = o, \quad \Delta^2 y = o, \quad \Delta^3 y = o \ldots.$$

Si dans (31) tous les termes sont nuls à partir du troisième, alors dans (43) ils sont nuls à partir du second, on aura :

$$(56) \qquad y = \alpha Sy + 6S' \Delta y,$$

et d'après (53)

$$(57) \qquad \Delta y = 6S' \Delta y, \quad \Delta^2 y = o, \quad \Delta^3 y = o \ldots;$$

les différences sont nulles à partir de la seconde.

Si dans (31) tous les termes sont nuls à partir du quatrième, dans (48) ils seront nuls à partir du second, on aura :

$$(58) \qquad y = \alpha Sy + 6S' \Delta y + \gamma S'' \Delta^2 y,$$

et par suite

$$(59) \qquad \Delta y = 6S' \Delta y + \gamma S'' \Delta^2 y, \quad \Delta^2 y = \gamma S'' \Delta^2 y, \quad \Delta^3 y = o \ldots;$$

les différences sont nulles à partir de la troisième et ainsi de suite.

Cela posé, supposons les observations telles que dans $y = au + bv + cw + dp + \ldots$ quelques termes du développement, par exemple les 4 ou 5 premiers, restent seuls sensibles ; alors le calcul numérique des valeurs de Δy, $\Delta^2 y$, $\Delta^3 y, \ldots$ correspondantes aux diverses observations ne tardera pas à fournir des quantités qui seront sensiblement nulles, et qui pourront être négligées ; par exemple, des quantités qui seront comparables aux erreurs d'observation, on devra dès lors s'arrêter dans le calcul des différences en réduisant à zéro dans (53) la première des différences qui sera de l'ordre des quantités que l'on néglige : on obtiendra un système d'équations qui, joint aux valeurs de α, 6, γ, donnera la valeur de y.

S'il s'agit par exemple de calculer la longitude géocentrique d'un astre en fonction du temps, compté à partir d'une époque fixe, dans le voisinage de cette époque, cette fonction pourra se développer suivant les puissances ascendantes de t entières et positives, et si les époques des observations sont assez voisines les unes des autres, t restant petit, les termes du développement pourront finir par devenir très-petits, et par suite les différences dont nous avons parlé. Cette méthode permet de faire concourir à la détermination de la fonction un nombre quelconque d'observations dont les résultats sont combinés entre eux par voie d'addition et de soustraction seulement. Le calcul s'arrête de lui-même à l'instant où l'on atteint le degré d'exactitude auquel on pouvait espérer de parvenir.

Si le calculateur connaît les époques auxquelles les observations ont été faites, sans connaître ces observations elles-mêmes, il peut cependant calculer les quantités α, β, γ, et achever ainsi la partie la plus laborieuse de son calcul.

Appliquons cette méthode d'interpolation au problème qui nous occupe. A l'aide de cette méthode on peut déterminer la longitude et la latitude géocentrique de l'astre, et exprimer ces fonctions par des développements suivant les puissances entières et positives du temps. Pour simplifier on comptera le temps à partir de l'époque d'une observation. Le nombre des observations devra être égal ou supérieur à quatre, car autrement le problème ne serait pas suffisamment déterminé, deux orbites distinctes l'une de l'autre pouvant satisfaire à trois observations données, passons actuellement au second problème.

Dans la première partie de ce second problème, nous aurons pour but de déterminer les distances de l'astre observé au soleil et à la terre, puis dans une seconde partie nous en déduirons les éléments de son orbite. Les méthodes que nous allons exposer ont été données par M. Cauchy.

PREMIÈRE PARTIE.

Je prends pour plan des xy celui de l'écliptique, et pour origine des axes le centre du soleil, je dirige les x et y positifs vers les premiers points du Bélier et du Cancer et les z du côté du pôle boréal.

J'appelle xyz les coordonnées de l'astre observé, comme on l'a déjà vu, r son rayon vecteur, r' sa distance à la terre, ρ la projection de cette distance sur le plan des xy; φ, θ, la longitude et la latitude géocentriques de l'astre; XY les coordonnées de la terre, R la distance de la terre au soleil, π la longitude de la terre. Les observations seront supposées faites à des époques assez rapprochées pour que les perturbations soient insensibles. Cela posé, on obtient facilement

$$(1)\quad x = X + r'\cos\varphi\cos\theta,\ y = Y + r'\sin\varphi\cos\theta,\ z = r'\sin\theta,\ \rho = r'\cos\theta.$$

$$(2)\quad X = R\cos\pi,\ Y = R\sin\pi;$$

On peut encore écrire

$$(3)\quad x = X + \rho\cos\varphi,\ y = Y + \rho\sin\varphi,\ z = \rho\,\text{tang}\,\theta;$$

Les équations du mouvement elliptique de l'astre et de la terre sont:

$$(4)\quad \frac{d^2x}{dt^2} + \frac{Kx}{r^3} = o,\ \frac{d^2y}{dt^2} + \frac{Ky}{r^3} = o,\ \frac{d^2z}{dt^2} + \frac{Kz}{r^3} = o.$$

$$(5)\quad \frac{d^2X}{dt^2} + \frac{KX}{R^3} = o,\ \frac{d^2Y}{dt^2} + \frac{KY}{R^3} = o,$$

Les équations (4) se transforment dans les suivantes en éliminant xyz et $\frac{d^2X}{dt^2}$ $\frac{d^2Y}{dt^2}$ au moyen de (1) et (5).

$$(6)\ \begin{cases} KX\left(\frac{1}{r^3} - \frac{1}{R^3}\right) - \rho\left[\sin\varphi\frac{d^2\varphi}{dt^2} + \cos\varphi\left(\frac{d\varphi}{dt}\right)^2 - \frac{K}{r^3}\cos\varphi\right] - 2\sin\varphi\frac{d\varphi}{dt}\frac{d\rho}{dt} + \cos\varphi\frac{d^2\rho}{dt^2} = o, \\ KY\left(\frac{1}{r^3} - \frac{1}{R^3}\right) + \rho\left[\cos\varphi\frac{d^2\varphi}{dt^2} - \sin\varphi\left(\frac{d\varphi}{dt}\right)^2 + \frac{K}{r^3}\sin\varphi\right] + 2\cos\varphi\frac{d\varphi}{dt}\frac{d\rho}{dt} + \sin\varphi\frac{d^2\rho}{dt^2} = o, \\ \rho\left[\frac{d^2\Theta}{dt^2} + \left(\frac{d\Theta}{dt}\right)^2 + \frac{K}{r^3}\right] + 2\frac{d\Theta}{dt}\frac{d\rho}{dt} + \frac{d^2\rho}{dt^2} = o; \end{cases}$$

On a posé : $\Theta = \log\,\text{tang}\,\theta$.

Je multiplie la première équation (6) par sin. π, la deuxième par — cos π et je les ajoute, il vient en faisant $\varphi - \pi = \chi$ $h = \cos\chi$.

$$(7)\quad \frac{d^2\rho}{dt^2} + 2h\frac{d\varphi}{dt},\frac{d\rho}{dt} + \rho\left[\frac{K}{r^3} - \left(\frac{d\varphi}{dt}\right)^2 + h\frac{d^2\varphi}{dt^2}\right] = o;$$

Je multiplie la première équation (6) par sin φ, la deuxième par — cos φ, on obtient en les ajoutant membre à membre :

$$(8)\quad 2\frac{d\varphi}{dt}\frac{d\rho}{dt} + \frac{d^2\varphi}{dt^2}\rho - KR\sin\chi\left(\frac{1}{r^3} - \frac{1}{R^3}\right) = o;$$

Je multiplie la première équation (6) par cos φ, la deuxième par sin φ, puis je les ajoute, il vient :

$$\frac{d^2\rho}{dt^2} - \rho\left[\left(\frac{d\varphi}{dt}\right)^2 - \frac{K}{r^3}\right] + KR\left(\frac{1}{r^3} - \frac{1}{R^3}\right)\cos\chi = o; \tag{9}$$

L'élimination de $\frac{d\rho}{dt}$ entre (7) et la troisième équation (6) conduit à :

$$\frac{d^2\rho}{dt^2} + \frac{K}{r^3}\rho = B\rho; \tag{10}$$

Je retranche (10) de (9) et j'obtiens :

$$K\left(\frac{1}{r^3} - \frac{1}{R^3}\right) = C\rho; \tag{11}$$

je déduis de (8) et (11),

$$\frac{d\rho}{dt} = A\rho; \tag{12}$$

les quantités B, A, C, sont définies par les équations :

$$\left\{\begin{aligned} &B + 2A\frac{d\theta}{dt} + \frac{d^2\theta}{dt^2} + \left(\frac{d\theta}{dt}\right)^2 = o,\\ &2A\frac{d\varphi}{dt} + \frac{d^2\varphi}{dt^2} - CR\sin\chi = o,\\ &B - \left(\frac{d\varphi}{dt}\right)^2 + CR\cos\chi = o. \end{aligned}\right. \tag{13}$$

L'équation (12) conduit à

$$\frac{d^2\rho}{dt^2} = \left(A^2 + \frac{dA}{dt}\right)\rho. \tag{14}$$

et les équations (14) (11) (10) jointes à $\rho = r' \cos\theta$ à

$$\frac{K}{r^3} - B - A^2 - \frac{dA}{dt}. \tag{15}$$

$$r' = \frac{K}{C\cos\theta}\left(\frac{1}{r^3} - \frac{1}{R^3}\right); \tag{16}$$

Les valeurs de A, B, C, qui satisfont à (13) sont:

$$(17)\quad \left\{\begin{aligned} &A = -\frac{\mu}{2\iota}\mu = -h\frac{d^2\varphi}{dt^2} + \left(\frac{d\varphi}{dt}\right)^2 + \frac{d^2\theta}{dt^2} + \left(\frac{d\theta}{dt}\right)^2, \\ &\frac{dA}{dt} = -\frac{A\frac{dv}{dt} + \frac{1}{2}\frac{d\mu}{dt}}{v} v = \frac{d\theta}{dt} - h\frac{d\varphi}{dt}, \\ &B = -2A\frac{d\theta}{dt} - \frac{d\theta}{dt^2} - \left(\frac{d\theta}{dt}\right)^2, \\ &CR = \frac{2A\frac{d\varphi}{dt} + \frac{d^2\varphi}{dt^2}}{\sin\chi}, \end{aligned}\right.$$

les équations (1) et (2) donnent, en posant $m = R\cos\theta\cos\chi$,

$$(18)\qquad r^2 = R^2 + 2mr^1 + r'^2;$$

Les formules précédentes vont nous permettre de calculer les distances de l'astre observé au soleil et à la terre.

L'équation linéaire (15) donnera le cube r^3 de la distance de l'astre au soleil, et par suite cette distance, puis on pourra calculer r' distance de l'astre à la terre, au moyen de l'équation linéaire (16) après y avoir remplacé r par la valeur précédente. Mais à l'équation (16) qui renferme des dérivées du 2e ordre, on substituera (18) avec avantage, car alors r' se déduira de la résolution d'une équation du 2e degré qui renferme 2 constantes relatives à la position de la terre, et deux angles donnés par l'observation ; en se servant de cette valeur de r', il sera possible de calculer r avec une plus grande approximation au moyen de (16), et ensuite (18) servira à la recherche d'une nouvelle valeur de r'.

Si l'on part des premières valeurs calculées, on pourra obtenir des valeurs très-approchées de r et r', en appliquant la méthode d'approximation linéaire au système des 2 équations (16) et (18). En désignant par r et r' les valeurs approchées par $\delta r\, \delta r'$ les corrections, on est conduit à résoudre les 2 équations linéaires.

$$(r^2 - R^2 - 2mr^1 - r'^2) + 2r\,\delta r - 2(m + r')\delta r' = o;$$

$$\left(\frac{1}{r^3} - \frac{1}{R^3} - \frac{C\cos\theta\, r'}{K}\right) - \frac{3\,\delta r}{r^4} - \frac{C\cos\theta}{K}\delta r' = o.$$

DEUXIÈME PARTIE.

Nous allons actuellement déduire les éléments de l'orbite de l'astre des distances de cet astre au soleil et à la terre.

Rappelons d'abord quelques définitions :

Au bout du temps t ψ désigne l'anomalie excentrique, p la longitude héliocentrique de l'astre observé, mesurées dans le plan de l'orbite, p' la valeur de p correspondante au périhélie, a le demi-grand axe de l'orbite, ε son excentricité, τ l'inclinaison de l'orbite, q la longitude héliocentrique du nœud ascendant, T la durée de la révolution de l'astre dans son orbite, $\lambda = \left(\frac{k}{a^3}\right)^{\frac{1}{2}}$ le rapport de la circonférence 2π à T, les 6 quantités $q\ \tau\ a\ \varepsilon\ c\ p'$ sont les éléments qu'il s'agit de déterminer.

On a les relations :

$$(19) \qquad x = R\cos\pi + \rho\cos\varphi,\quad y = R\sin\pi + \rho\sin\varphi,\quad z = \rho\,\mathrm{tang}\,\theta,$$

et le rayon vecteur r est exprimé en fonction du temps ainsi que la longitude p par

$$(20) \qquad r = a(1 - \varepsilon\cos\psi),\quad \mathrm{tang}\frac{p-p'}{2} = \left(\frac{1+\varepsilon}{1-\varepsilon}\right)^{\frac{1}{2}}\mathrm{tang}\frac{\psi}{2},\quad \psi - \varepsilon\sin\psi = \lambda t + c;$$

projetons successivement le rayon vecteur r sur 3 axes rectangulaires dont le premier coïncide avec la ligne des nœuds et le troisième avec l'axe des z, en exprimant ces projections premièrement en fonction de $xyzq$, secondement en fonction de rpt, on obtient en égalant les valeurs d'une même projection

$$(21) \qquad x\cos q + y\sin q = r\cos p,\quad y\cos q - x\sin q = r\sin p\cos\tau,\quad z = r\sin p\sin\tau;$$

soient : ω la vitesse de l'astre observé au bout du temps t, $u\ v\ w$ les projections de cette vitesse sur les axes fixes $x\ y\ z$, H le double de l'aire décrite par le rayon vecteur dans l'unité de temps, U, V, W les projections de cette aire sur les plans coordonnés, I sa projection absolue sur le plan mené par la ligne des nœuds perpendiculairement au plan de l'écliptique, on aura :

$$(22)\left\{\begin{array}{l} u=\frac{dx}{dt},\ v=\frac{dy}{dt},\ w=\frac{dz}{dt},\ U=yw-zv,\ V=zu-xw,\ W=xv-yu, \\ \omega^2=u^2+v^2+w^2,\ H^2=U^2+V^2+W^2,\ I^2=U^2+V^2; \end{array}\right.$$

Ces formules se déduisent facilement du théorème des projections.

Les deux dernières formules de (21) donnent immédiatement :

$$(23)\qquad x\sin q - y\cos q + z\cot\tau = 0,$$

et par suite

$$(24)\qquad u\sin q - v\cos q + w\cot\tau = 0.$$

Je multiplie respectivement les équations (23), (24), premièrement par w et z, secondement par u et x, troisièmement par v et y, et je les retranche membre à membre; il vient d'après (22) :

$$(25)\qquad V\sin q + U\cos q = 0 \qquad W\cos q + V\cot\tau = 0 \qquad W\sin q - U\cot\tau = 0,$$

ce qui conduit facilement à :

$$(26)\qquad \sin q = \frac{U}{I} \quad \cos q = \frac{-V}{I} \quad \sin\tau = \frac{I}{H} \quad \cos\tau = \frac{W}{H},$$

comme on l'a vu précédemment, on a :

$$(27)\qquad \frac{1}{a} = \frac{2}{r} - \frac{\omega}{k} \qquad 1 - \varepsilon^2 = \frac{H^2}{ka}.$$

je suppose actuellement que r ait été calculé comme il a été dit, que l'on ait déduit ρ, $\frac{d\rho}{dt}$ des formules (11) et 12) de la première partie, que l'on ait déterminé $x\,y\,z\,u\,v\,w\,U\,V\,W\,\omega\,H\,I$ au moyen de (19) et (22), on pourra alors obtenir les éléments $q\,\tau$ à l'aide de (26), a, ε à l'aide de (27), et les équations (20) donneront $\psi\,p'\,c$ quand on aura déterminé p par l'une des équations (21).

Les formules précédentes qui nous ont conduit à la détermination des éléments de l'orbite, peuvent être simplifiées, et présentées de manière qu'elles se vérifient mutuellement. Tel est le but que nous allons nous proposer.

Je fais tourner le système des x et y autour de l'axe des z, de manière que l'axe des x prenne la direction du rayon vecteur ρ, et je désigne par $x' y' u' v' U' V'$ ce que deviennent $x y z u v U V$ les relations :

$$(28) \qquad x' = x\cos\varphi + y\sin\varphi \qquad y' = y\cos\varphi - x\sin\varphi,$$

qui existent entre les anciennes et nouvelles coordonnées donnent à l'aide des formules (19)

$$(29) \qquad x' = \rho + R\cos\chi \qquad y' = -R\sin\chi \qquad z = \rho\tang\theta.$$

Après avoir calculé $r\rho \frac{d\rho}{dt}$ comme nous l'avons déjà dit, les formules (29) déterminent $x' y' z$, valeurs qui se vérifieront au moyen de la relation :

$$(30) \qquad x'^2 + y'^2 + z^2 = r^2;$$

Les relations (31) $u' = u\cos\varphi + v\sin\varphi$ $v' = -u\sin\varphi + v\cos\varphi$.
Entre les composantes anciennes et nouvelles de la vitesse de l'astre observé jointes aux équations (19) et à $\frac{d\rho}{dt} = A\rho$ conduisent à :

$$(31) \qquad \begin{cases} u' = \frac{d\rho}{dt} + \frac{dR}{dt}\cos\chi + R\frac{d\pi}{dt}\sin\chi \\ v' = \rho\frac{d\varphi}{dt} - \frac{dR}{dt}\sin\chi + R\frac{d\pi}{dt}\cos\chi \\ w = \left(\frac{d\rho}{dt} + \rho\frac{d\theta}{dt}\right)\tang\theta = \left(A + \frac{d\theta}{dt}\right)z \end{cases}.$$

Ces équations donneront les composantes $u' v' w$ de la vitesse, (29) et (31) conduisent à :

$$(32) \qquad G = m\frac{dR}{dt} + m'\frac{d\rho}{dt} + \rho y'\frac{d\chi}{dt} + z^2\frac{d\theta}{dt},$$

$G m m'$ ayant pour valeurs :

$$(33)\quad \begin{cases} G = x'u' + y'v' + zw = r\dfrac{dr}{dt}\; M = R + \rho\cos\chi = x'\cos\chi - y'\sin\chi \\ M' = R\cos\chi + \rho\sec^2\theta = x' + z\tang\theta. \end{cases}$$

(32) pourra servir à vérifier les valeurs de $u'v'w$. Les relations :

$$(34)\qquad V' = -U\sin\varphi + V\cos\varphi \quad U' = U\cos\varphi + V\sin\varphi$$

entre les projections des aires anciennes et nouvelles, jointes aux équations (22), (31), (28), conduisent facilement à :

$$(35)\quad \begin{cases} \omega = \sqrt{u'^2 + v'^2 + w^2} & H = \sqrt{U'^2 + V'^2 + W^2} & I = \sqrt{U'^2 + V'^2} \\ V' = u'z - x'w & W = x'v' - y'u' & U' = y'w - zv'. \end{cases}$$

Les formules (35) détermineront la vitesse ω et les aires U'V'W H I dont l'exactitude pourra être vérifiée par

$$(36)\qquad H^2 = I^2 + W^2 \qquad \omega^2 r^2 = G^2 + H^2,$$

que l'on déduit facilement de (35).

Après avoir ainsi calculé et vérifié les différentes valeurs qui précèdent, nous déterminerons ainsi les éléments de l'orbite :

Si dans les relations (34) on remplace U V par leurs valeurs déduites de (26), on obtient

$$(37)\qquad \sin(q-\varphi) = \frac{U'}{I} \quad \cos(q-\varphi) = -\frac{V'}{I} \qquad \cos\tau = \frac{W}{H}\; \sin\tau = \frac{I}{H}$$

des formules (37) qui se vérifient mutuellement, on déduira l'inclinaison τ et la longitude q du nœud ascendant. La troisième formule (21) donne :

$$(38)\qquad \sin p = \frac{z}{2\sin\tau}.$$

la première, en y remplaçant $x\,y$ par leurs valeurs en $x'y'$, conduit à :

$$(39)\qquad r\cos p = x'\cos(q-\varphi) + y'\sin(q-\varphi);$$

puis au moyen de (37) à :

$$(40)\qquad r\cos p = \frac{-x'V' + y'U'}{I},$$

et si l'on remplace U'V' par leurs valeurs (35), on obtient successivement :

$$\text{(41)} \qquad r\cos p = \frac{r^2 w - z(x'u' + y'v' + zw)}{I}.$$

$$\text{(42)} \qquad \cos p = \frac{rw - z\dfrac{dr}{dt}}{H\sin\tau}.$$

Après qu'on aura calculé $\frac{dr}{dt}$ au moyen de $\frac{dr}{dt} = \frac{g}{r}$, p se déduira des formules (38), (42) qui pourront se vérifier l'une et l'autre. $a\varepsilon$ se détermineront toujours par les formules

$$\text{(43)} \qquad \frac{1}{a} = \frac{2}{r} - \frac{\omega^2}{k} \qquad 1 - \varepsilon^2 = \frac{H^2}{ka};$$

La première des formules (20) donnera :

$$\text{(44)} \qquad \cos\psi = \frac{a - r}{a\varepsilon};$$

puis, en différenciant la première et la troisième, et en éliminant entre elles $\frac{d\psi}{dt}$ et $\cos\psi$ on arrivera à :

$$\text{(45)} \qquad \sin\psi = \frac{\dfrac{rdr}{dt}}{a^2\varepsilon\lambda} = \frac{G}{a^2\varepsilon\lambda}.$$

On calculera ψ à l'aide de (44) et (45). La deuxième des formules (20) peut s'écrire :

$$\text{(46)} \qquad \frac{\sin\dfrac{p-p'}{2}}{\cos\dfrac{p-p'}{2}} = \frac{(1+\varepsilon)^{\frac{1}{2}}\sin\dfrac{\psi}{2}}{(1+\varepsilon)^{\frac{1}{2}}\cos\dfrac{\psi}{2}},$$

d'où

$$\text{(47)} \qquad \sin\frac{p-p'}{2} = s(1+\varepsilon)^{\frac{1}{2}}\sin\frac{\psi}{2} \qquad \cos\frac{p-p'}{2} = s(1-\varepsilon)^{\frac{1}{2}}\cos\frac{\psi}{2},$$

élevons un carré et ajoutons, on trouve pour déterminer s

$$1 = s^2\left(1 + \varepsilon\sin^2\frac{\psi}{2} - \varepsilon\cos^2\frac{\psi}{2}\right) = s^2(1 - \varepsilon\cos\psi) = \frac{s^2 r}{a},$$

D'où l'on déduit :

$$(48)\quad \sin\frac{p-p'}{2} = \left(\frac{a}{r}\right)^{\frac{1}{2}}(1+\varepsilon)^{\frac{1}{2}}\sin\frac{\psi}{2} \qquad \cos\frac{p-p'}{2} = \left(\frac{a}{r}\right)^{\frac{1}{2}}(1-\varepsilon)^{\frac{1}{2}}\cos\frac{\psi}{2},$$

Les formules (48) donneront $p - p'$ et par suite p' au moyen de la valeur de ψ obtenue précédemment. La troisième équation (20) fixera la valeur de c.

Correction des éléments.

Les méthodes précédentes nous ont permis de calculer les éléments de l'orbite de l'astre observé ; mais, on doit le remarquer, ces éléments dépendent non-seulement des longitude et latitude de l'astre, mais aussi de leurs dérivées du premier et du deuxième ordre. Proposons-nous d'obtenir ces éléments avec un plus haut degré d'approximation. M. Cauchy, à l'aide des formules de la méthode d'interpolation, est parvenu à déterminer avec un grand degré d'approximation et par un calcul facile, les inconnues d'un système d'équations linéaires approximatives, le nombre de ces équations étant égal ou supérieur à celui des inconnues, ces formules lui permettent d'éliminer successivement une, deux, trois inconnues, et il arrive ainsi à une valeur approchée d'une dernière inconnue fournie par les équations restantes, les valeurs approchées de cette inconnue égales entre elles, si le nombre des équations est celui des inconnues, sont généralement différentes dans le cas contraire. La méthode donne pour chaque inconnue une valeur moyenne très-approchée. Ce procédé de résolution peut servir à la correction des éléments de l'orbite. On convertira les équations finies du mouvement de l'astre en équations approximatives linéaires par rapport aux corrections des éléments, et en résolvant ces équations, comme il vient d'être indiqué, on obtiendra les corrections de ces éléments d'une manière approchée, et sans le secours de dérivées. Chaque observation fournira deux équations linéaires de sorte que trois observations suffiront pour le calcul des six corrections, cependant on obtiendra une plus grande approximation, si le nombre de ces observations est plus considérable. Je terminerai en indiquant comment on peut passer des équations finies du mouvement aux équations linéaires approximatives :

J'élimine xyz entre (19) (21) et j'obtiens ainsi les équations :

$$(49)\quad \begin{cases} R\cos(\pi-q)+\rho\cos(\varphi-q)=r\cos p \quad R\sin(\pi-q)+\rho\sin(\varphi-q)=r\sin p\cos\tau \\ \rho\tan\theta=r\sin p\sin\tau, \end{cases}$$

les formules (20) donneront r,p au bout du temps t en fonction de t a ε c p' et on déduira les mêmes quantités de (49) en fonction de φ θ q τ, soient dr, dp les accroissements que l'on trouve pour r,p, quand on passe des formules (20) aux formules (49); représentons également par $d'r$ $d'p$ les variations de rp qui correspondent en vertu de (20) aux variations δa $\delta\varepsilon$ δc $\delta p'$ des éléments a ε c p', et par $d''r$, $d''p$ celles de rp qui en vertu de (49) correspondent aux variations δq $\delta\tau$ des éléments $q\tau$ si les valeurs de φ, θ correspondantes à une observation, sont exactes, on aura évidemment :

$$(50)\qquad dr=d'r-d''r \qquad dp=d'p-d''p.$$

telles sont les deux équations linéaires que donnera chaque observation entre les 6 variations δa $\delta\varepsilon$ δc $\delta p'$ δq $\delta\tau$.

Dans les équations (20) r ne renferme que a ε c t, donc $\delta p'$ ne se trouve pas dans $dr=d'r-d''r$, relation qui pourra alors suffire pour déterminer les 5 corrections δa $\delta\varepsilon$ δc δq $\delta\tau$ quand l'astre aura été observé plus de quatre fois. En posant $d'r=A\delta a+E\delta\varepsilon+C\delta c$, $d''r=-Q\delta q-T\delta\tau$ l'équation $dr=d'r-d''r$ prendra la forme :

$$(51)\qquad A\delta a+E\delta\varepsilon+C\delta c+Q\delta q+T\delta\tau=dr.$$

en différentiant la première et la troisième équation (20) par rapport à a, et en éliminant ensuite $\frac{d\psi}{da}$ il vient à l'aide $\lambda=\left(\frac{k}{a^3}\right)^{\frac{1}{2}}$

$$(52)\qquad A=\frac{r}{a}-\frac{3}{2}\frac{a}{r}\lambda t\varepsilon\sin\psi,$$

de même on obtient en différentiant les mêmes équations par rapport à ε en éliminant $\frac{d\psi}{d\varepsilon}$ et en se servant de (48).

$$(53) \qquad E = -a\cos(p-p'),$$

en suivant une marche analogue on est conduit encore à :

$$(54) \qquad C = \frac{a\varepsilon\sin(p-p')}{(1-\varepsilon^2)^{\frac{1}{2}}};$$

Enfin les formules (49) donnent :

$$(55) \qquad Q = -\frac{\rho m'}{R\sin(\pi-q)}\cos p \qquad T = \frac{\rho m'}{R\sin(\pi-q)}\,\frac{\sin p}{\sin\tau}.$$

Vu et approuvé,
Le 4 Mai 1853,
LE DOYEN DE LA FACULTÉ DES SCIENCES,
MILNE EDWARDS.

Permis d'imprimer,
Le 6 Mai 1853,
LE RECTEUR DE L'ACADÉMIE DE LA SEINE,
CAYX.

Paris. — Imprimé par E. THUNOT C°, 2 rue Racine.

www.ingramcontent.com/pod-product-compliance
Ingram Content Group UK Ltd.
Pitfield, Milton Keynes, MK11 3LW, UK
UKHW021151220726
13924UKWH00003B/1104

9 782019 284589